Daniel Alberto Giraldo Ramírez
Alejandra Pérez Ramírez

Análisis comparativo de dos tramos viales en pavimento flexible

Daniel Alberto Giraldo Ramírez
Alejandra Pérez Ramírez

Análisis comparativo de dos tramos viales en pavimento flexible

Uno con mezcla asfáltica convencional y otro con adición de Estireno Butadieno Estireno

Editorial Académica Española

Imprint
Any brand names and product names mentioned in this book are subject to trademark, brand or patent protection and are trademarks or registered trademarks of their respective holders. The use of brand names, product names, common names, trade names, product descriptions etc. even without a particular marking in this work is in no way to be construed to mean that such names may be regarded as unrestricted in respect of trademark and brand protection legislation and could thus be used by anyone.

Cover image: www.ingimage.com

Publisher:
Editorial Académica Española
is a trademark of
International Book Market Service Ltd., member of OmniScriptum Publishing Group
17 Meldrum Street, Beau Bassin 71504, Mauritius

Printed at: see last page
ISBN: 978-3-639-78173-1

Copyright © Daniel Alberto Giraldo Ramírez, Alejandra Pérez Ramírez
Copyright © 2019 International Book Market Service Ltd., member of OmniScriptum Publishing Group

AGRADECIMIENTOS

Agradecemos, en primer lugar, a la organización Latinco S. A. por haber confiado en nosotros y encomendarnos este gran reto que asumimos con responsabilidad y agrado.

A nuestras familias, porque siempre han sido un apoyo incondicional en cualquiera que sea el escenario de nuestras vidas, especialmente en el momento que estamos pasando.

A nuestra directora por habernos guiado durante todo el trabajo desarrollado.

A los funcionarios de Latinco S. A. por su amabilidad y ayuda en el desarrollo de este trabajo.

A la Escuela de Ingeniería de Antioquia porque nos brindó las herramientas necesarias, que como estudiantes de ingeniería civil, requerimos durante el desarrollo del trabajo.

La información presentada en este documento es de exclusiva responsabilidad de los autores y no compromete a la EIA.

CONTENIDO

1.1	**Planteamiento del problema**	**13**
1.1.1	Contexto del problema	13
1.1.2	Formulación del problema	15
1.2	**Objetivos del proyecto**	**17**
1.2.1	Objetivo General	17
1.2.2	Objetivos Específicos	17
1.3	**Marco de referencia**	**17**
2.1	**ETAPA I. CARACTERIZAR LOS COMPONENTES DE LA MEZCLA ASFÁLTICA.**	**28**
2.1.1	Descripción del agregado mineral	29
2.1.2	Granulometría	29
2.1.3	Caracterización del ligante	37
2.2	**ETAPA II. DISEÑAR LAS MEZCLAS ASFÁLTICAS REQUERIDAS.**	**39**
2.2.1	Dosificación	39
2.2.2	Marshall	39
2.2.3	Fórmula de trabajo	41
2.2.4	Prueba de tracción indirecta	41
2.2.5	Concentración crítica del llenante	41
2.3	**ETAPA III. DETERMINAR EL COMPORTAMIENTO DE LA ESTRUCTURA DE PAVIMENTO.**	**42**
2.3.1	Inventario de patologías pre-existentes	42
2.3.2	Extracción de núcleos y elaboración apiques	43
2.3.3	Información secundaria	43
2.3.4	Módulos dinámicos	44
2.3.5	Leyes de fatiga	45
2.3.6	Deflexiones	47
3.1	**material pétreo**	**49**
3.1.1	Granulometría	49
3.1.2	Dureza	51
3.1.3	Durabilidad	52
3.1.4	Plasticidad	52
3.1.5	Equivalente de arena	52
3.1.6	Limpieza superficial en los agregados gruesos	52
3.1.7	Geometría de las partículas	53
3.1.8	Contenido de vacíos en agregados finos	53
3.1.9	Gravedad específica	54

3.2	**Asfalto**	**55**
3.2.1	Asfalto convencional	55
3.2.2	Asfalto modificado	57
3.3	**Diseño de mezclas**	**60**
3.3.1	Dosificación	60
3.3.2	Marshall	61
3.3.3	Prueba de tracción indirecta	73
3.3.4	Fórmula de trabajo	73
3.3.5	Concentración crítica del llenante	74
3.4	**Comportamiento de la estructura de pavimento**	**74**
3.4.1	Inventario patologías	74
3.4.2	Extracción de núcleos y elaboración de apiques	78
3.4.3	Estructura del pavimento	78
3.4.4	Módulos dinámicos	79
3.4.5	Leyes de fatiga	83
3.4.6	Deflexiones	84
4.1	**Material pétreo**	**85**
4.2	**Asfalto**	**86**
4.3	**diseño de mezclas**	**87**
4.4	**Análisis post-construcción del Comportamiento de la estructura de pavimento**	**89**

LISTA DE TABLAS

pág.

Tabla 1	Inversiones en carreteras de Colombia proyectadas hasta el 2040 (Billones de pesos de 2008).	14
Tabla 2	Criterios de diseño de las mezclas asfálticas en caliente por el método Marshall.	18
Tabla 3	Muestras.	28
Tabla 4.	Información reportada de los apiques.	43
Tabla 5	Resultados ensayos para coeficiente de limpieza superficial.	53
Tabla 6	Resultados ensayos para gravedad específica del llenante.	54
Tabla 7.	Resultados ensayos penetración asfalto convencional.	56
Tabla 8	Resultados ensayos ductilidad asfalto convencional.	57
Tabla 9	Resultados penetración asfalto modificado.	57
Tabla 10	Resultados de la ductilidad del asfalto modificado para tres repeticiones.	58
Tabla 11	Características del asfalto convencional utilizado junto con su verificación según la norma I.N.V.E-400-07.	59
Tabla 12	Dosificación para ambas mezclas.	60
Tabla 13	Fórmula de trabajo mezcla convencional.	74
Tabla 14	Fórmula de trabajo mezcla modificada.	74
Tabla 15	Inventario de patologías de la vía sobre la capa de rodadura a remover.	75
Tabla 16.	Perfil de la estructura mezcla convencional.	78
Tabla 17.	Perfil de la estructura mezcla modificada.	79

Tabla 18	Resultados de módulos para la mezcla convencional.	80
Tabla 19	Resultados de módulos para la mezcla modificada.	82
Tabla 20	Leyes de fatiga.	83
Tabla 21	Tabla resumen materiales pétreos.	86
Tabla 22	Comparación de las propiedades de ambas mezclas.	89
Tabla 23	Variación de módulos entre 1 y 16 Hz para ambas mezclas.	91
Tabla 24	Deformaciones admisibles y reales.	93

LISTA DE FIGURAS

Pág.

Figura 1. Proceso de destilación del petróleo. 15

Figura 2 Composición típica de los asfaltos para vías. 19

Figura 3 Estructura química del EBE. 21

Figura 4 Especificaciones para asfaltos con adición de polímeros............... 22

Figura 5 Cuenco deflexiones. 27

Figura 6 Especímenes para Marshall. 40

Figura 7 Auscultación de daños... 42

Figura 8 Esquema de la viga Benkelman 47

Figura 9 Viga Benkelman instalada para el ensayo. 48

Figura 10 Distribución granulométrica de la grava triturada. 49

Figura 11 Distribución granulométrica de la arena de trituración. 50

Figura 12 Distribución granulométrica de la arena natural. 50

Figura 13 Distribución granulométrica de la arena natural de llenante........... 51

Figura 14 Momento inicial para la prueba de penetración.............................. 56

Figura 15 Desarrollo ensayo ductilidad mezcla modificada............................ 58

Figura 16 Gradación resultante. 61

Figura 17 P. E. Bulk contra contenido de asfalto. 62

Figura 18 Porcentaje de vacíos con aire contra contenido de asfalto. 63

Figura 19 Estabilidad contra contenido de asfalto.. 64

La información presentada en este documento es de exclusiva responsabilidad de los autores y no compromete a la EIA.

Figura 20	Porcentaje de vacíos en agregados minerales contra contenido de asfalto.	65
Figura 21	Porcentaje de vacíos llenos de asfalto contra contenido de asfalto.	66
Figura 22	Flujo contra contenido de asfalto.	67
Figura 23	P. E. Bulk contra contenido de asfalto modificado.	68
Figura 24	Porcentaje de vacíos con aire contra contenido de asfalto modificado.	69
Figura 25	Estabilidad contra contenido de asfalto modificado.	70
Figura 26	Porcentaje de vacíos en agregados minerales contra contenido de asfalto modificado.	71
Figura 27	Porcentaje de vacíos llenos de asfalto contra contenido de asfalto modificado.	72
Figura 28	Flujo contra contenido de asfalto modificado.	73
Figura 29	. Patología en la vía.	77
Figura 30	Patología en la vía.	77
Figura 31	Módulo mezcla convencional contra frecuencia.	81
Figura 32	Módulo mezcla modificada contra frecuencia.	83
Figura 33	Comparación de los módulos dinámicos entre ambas mezclas.	90
Figura 34	Comparación módulos dinámicos a 10 Hz.	91
Figura 35	Deflexiones en Do.	92
Figura 36	Informe de resultados para la mezcla convencional.	94
Figura 37	Informe de resultados para la mezcla modificada.	94
Figura 38	Comparación leyes de fatiga.	95

La información presentada en este documento es de exclusiva responsabilidad de los autores y no compromete a la EIA.

La información presentada en este documento es de exclusiva responsabilidad de los autores y no compromete a la EIA.

RESUMEN

El objetivo de este proyecto de aplicación profesional es presentar un análisis comparativo entre una mezcla asfáltica densa en caliente convencional y otra modificada con estireno-butadieno-estireno (EBE), mediante dos tramos piloto de vía, como parte de la necesidad de Latinco S.A. de aumentar la vida útil de sus obras viales y en consecuencia reducir la frecuencia de los mantenimientos.

Previo a la construcción del tramo, se diseñaron ambas mezclas asfálticas mediante el método Marshall, con base en la caracterización los materiales pétreos y utilizando la información disponible del asfalto modificado. Además, se analizaron los resultados de los ensayos de los módulos dinámicos y las leyes de fatiga para ambos concretos asfálticos y, posterior a la puesta en servicio del tramo, se midieron las deflexiones. Los resultados obtenidos permiten hacer una lectura del comportamiento de las mezclas que, bajo condiciones similares de estratigrafía, temperatura y tráfico, presentaron un comportamiento distinto.

Se encontró una capa de mezcla asfáltica modificada con EBE que, con respecto a la mezcla asfáltica convencional, tiene mejor comportamiento a las variaciones térmicas de la zona del proyecto y un 20% menos de deflexiones para el mismo nivel de tráfico. Esta capa de mezcla asfáltica modificada presenta un valor de estabilidad mayor, debido a que llena mayor porcentaje de vacíos en agregados minerales dándole mayor densidad, lo que le permite desarrollar más cargas con el mismo nivel de deformaciones que una convencional. Sin embargo, su comportamiento a la fatiga no permitió establecer mejora respecto a las deformaciones a tracción que se esperan en el pavimento producto de las cargas dinámicas a las que se ve expuesto de manera constante.

Palabras clave: mezcla asfáltica, EBE, asfalto modificado, módulo dinámico, ley de fatiga, deflexión, deformación a tracción

ABSTRACT

The objective of this project is to present, in an applicative context, a comparative analysis between non-modified and a modified hot mix asphalt, improved with styrene butadiene styrene (EBE) through two stretches of road, as a recognized need of Latinco S.A. in sense to increase the life service of the roads and thereby reduce the frequency of maintenances.

Prior to the construction of the stretches, both asphalt mixtures were designed using them by Marshall Method, based on the characterization of stone extraction site and using the information available from the modified asphalt. In addition, there were analyzed the results of tests of dynamic modulus and fatigue laws for both hot mix asphalts, after laying both in situ, when deflections were measured.

The results obtained allowed (this project o the developers of this bachelor thesis) to interpret both mixtures that, under similar conditions in terms of base soil stratigraphy, temperature and traffic, had a different and special behavior. The results show the layer of EBE modified hot mix asphalt, compared with conventional hot mix asphalt, has better performance to thermal variations in situ and 20% less deflections for the same level of traffic.

This modified asphalt layer has a greater value of stability because it fills a higher percentage of (aggregates voids), allowing it to develop more load in the same deformation level as a conventional hot mix layer. However, its fatigue behavior didn't allow to establish improvement in terms of the tensile deformation, which is expected as result of dynamic loads experienced by the pavement.

Keywords: hot mix asphalt, EBE modified asphalt, dynamic modulus, fatigue law, deflection, and tensile deformation.

INTRODUCCIÓN

Es bien conocida la importancia de tener una red vial en buen estado para un país en desarrollo como Colombia. Se deben proporcionar más escenarios de progreso con la mínima inversión que permita garantizar calidad. Con esta idea, ha surgido la opción de las mezclas asfálticas modificadas como una opción para garantizar pavimentos de mejor desempeño y mayor vida útil, es decir, menor necesidad de intervención por mantenimientos periódicos. El diseño y evaluación de pavimentos reúne una serie de técnicas para la concepción y el control de mezclas asfálticas. Su desempeño está regido por la resistencia a la deformación plástica, la rigidez y el daño gradual por la aplicación sucesiva de cargas.

Para hacer la lectura de este comportamiento, en la parte inicial, se desarrollaron una serie de elementos teóricos que permitieron identificar los conceptos necesarios en mezclas asfálticas convencionales y modificadas con EBE. En segundo lugar, se presenta la forma como se va a llegar al análisis comparativo, describiendo los procedimientos y técnicas para llegar a recolectar un nivel de información congruente con el objetivo de diseñar las mezclas asfálticas, poder evaluarlas ante cargas dinámicas y determinar su comportamiento. Como un tercer procedimiento, se presentan los resultados que cada procedimiento y técnica arrojaron. Luego de obtener los resultados se lleva a cabo un análisis de los mismos y se establecen comparaciones.

Para finalizar, el producto de esta comparación expone una serie de elementos generales según el diseño de las mezclas asfálticas de acuerdo a una fuente de materiales en particular y con dos tipos de asfaltos, uno convencional y otro modificado con EBE.

1 PRELIMINARES

1.1 PLANTEAMIENTO DEL PROBLEMA

1.1.1 Contexto del problema

La apertura de mercados a nivel mundial ha generado un desarrollo positivo en la economía colombiana, la cual está sufriendo numerosos cambios y adoptando nuevas dinámicas. Aunque esta apertura ha conducido a un aumento importantísimo en el flujo de mercancías y en los volúmenes de tránsito (Muller, 2003), el país no cuenta con la red vial suficiente para atender todo el crecimiento esperado.

El desarrollo del mundo actual es tan rápido que todos los procesos deben estar en una constante innovación para mejorarlos. De ahí que la construcción de vías requiera un fortalecimiento continuo para encontrar soluciones constructivas cada vez más eficaces y eficientes.

La utilización de las carreteras ha aumentado de manera significativa desde 1975: Entre éste año y 2006 el tránsito promedio diario se multiplicó por 5 (Acevedo, 2009). Este aumento del tránsito genera una mayor demanda de vías que debe ser suplida con nueva infraestructura y así no frenar el desarrollo del país, bien decía el célebre presidente de los Estados Unidos de América, John F. Kennedy "No por ser ricos es que tenemos carreteras, es porque tenemos carreteras que somos ricos". Como consecuencia se debe invertir en mantenimiento, construcción de grandes autopistas y ampliación a dobles calzadas de vías existentes. El Ministro de transporte en su momento, Germán Cardona dijo: "desde agosto de 2010 se han invertido 670 mil millones de pesos en reparación de vías y aseguró que en los próximos 20 años se debe invertir mucho dinero en infraestructura" (Cardona, 2011). En la Tabla 1 (Acevedo, 2009) se muestra la inversión proyectada para las distintas alternativas a implementar.

Tabla 1   Inversiones en carreteras de Colombia proyectadas hasta el 2040 (Billones de pesos de 2008).

	2009-14	2015-20	2021-30	2031-40	Total
SNDC construcción de nueva calzada	8,0	8,9	5,0	3,2	25,1
SNDC rehabilitación de calzada existente	3,0	3,9	2,1	1,2	10,2
Total SNDC	11,0	12,8	7,1	4,4	35,3
Otras carreteras nacionales	6,8	5,3	8,5	8,5	29,2
Carreteras secundarias y terciarias	0,5	2,0	2,5	3,0	8,0
Mantenimiento	8,3	9,4	17,2	18,1	52,9
Total	26,7	29,5	35,3	34,0	125,5
Promedio anual	4,4	4,9	3,5	3,4	3,9

Fuente: Acevedo, J. (2009). El transporte como soporte al desarrollo de Colombia. Revista de Ingeniería, 162. SNDC hace referencia al Sistema Nacional de Dobles Calzadas

Se puede apreciar que el mantenimiento de las vías es una porción importante de la inversión que tendrá que hacer el estado para permitir el desarrollo de la economía colombiana. Así pues, la reducción en la frecuencia con la que se deba intervenir una vía para su mantenimiento es de vital importancia, teniendo en cuenta que actualmente la red de Colombia está compuesta por 163.000 km de los cuales el 76,5% son en pavimento flexible y que su vida útil es en promedio 5 años (Rondón Q. & Reyes L., 2007).

De un lado, el asfalto en Colombia es controlado casi en su totalidad por Ecopetrol S.A. como un derivado de toda una cadena productiva, donde el combustible es lo más valioso y primero en destilar, y el asfalto es la suma de los residuos de los demás procesos (ver Figura 1). A esto se suma que la producción de Ecopetrol es a partir de lotes distintos, es decir, los petróleos crudos son de diferente procedencia. El factor anterior hace que se obtenga un asfalto con diferentes cantidades de aromáticos, resinas, saturados y asfaltenos, donde el 86% de las veces, por un parámetro o por el otro, no cumple con la normatividad. Estas razones son de sobra para adicionar un modificante en pro de su normalización. Este asfalto normalizado garantizará un ligante con la penetración y ductilidad requeridas, y que en las condiciones actuales no siempre se cumplen.

Fuente: (Profesor en línea)

Figura 1. Proceso de destilación del petróleo.

Por otro lado, la implementación de la utilización de pavimento modificado con ciertos tipos de polímeros permitiría una mejora en la estabilidad dinámica y en el comportamiento a flexión de la mezcla, y en general un mejor desempeño de la carpeta construida (Zhao, Lei, & Yao, 2009). Dentro de este grupo de polímeros está el Estireno-Butadieno-Estireno (EBE), que ofrece mayor resistencia a deformaciones permanente y mejor comportamiento en un amplio rango de temperaturas. Estas mejoras se pueden traducir en un mejor comportamiento de la estructura de pavimento y por consiguiente en unas vías de mejor calidad, construidas para mayores vidas útiles. Esto anterior implica menos destinación de recursos para actividades de mantenimiento y rehabilitación de vías ya que se está construyendo una estructura de mejores características. El EBE no se usa cotidianamente porque representa el 70% más del costo para la entidad contratante.

1.1.2 Formulación del problema

A nivel de proyecto, la organización Latinco S.A. ha venido teniendo inconvenientes con la estructura de pavimento en varios puntos de la vía La Paila - Club Campestre, sector La Tebaida, en el departamento del Quindío. Esto se debe al alto tránsito de este corredor vial que es el que conduce la carga del puerto de Buenaventura al interior del país. En el corto plazo se generaron fisuras y asentamientos a lo largo del tramo a intervenir.

Latinco S. A. es una empresa dedicada a la construcción de infraestructura que lleva diez años en el mercado colombiano y extranjero incursionando en vías, puentes, túneles, centrales hidroeléctricas, aeropuertos, entre otros. Aunque esta empresa conoce resultados satisfactorios de laboratorio respecto la adición de varios polímeros en pavimentos, entre ellos de grano de residuo de caucho y recientemente de EBE, no ha hecho una aplicación de esta metodología en construcciones viales.

Debido a esto, ha solicitado un estudio comparativo del comportamiento post-construcción entre dos tramos pilotos de una estructura de pavimento flexible con mezcla asfáltica convencional versus otra con mezcla asfáltica y adición de EBE bajo las mismas condiciones ambientales, granulométricas y de material pétreo. Además del estudio post-constructivo, se llevarán a cabo ensayos de leyes de fatiga y módulos dinámicos que brindarán información sobre la vida útil y el desempeño de la mezcla, entre otras cosas. El estudio permitirá conocer el comportamiento de esta mezcla asfáltica con polímeros, específicamente con EBE, en uso de vías y así caracterizar su desempeño bajo los volúmenes de tránsito de la vía La Paila - Club Campestre, sector La Tebaida, que hace parte de la concesionaria Autopistas del Café S.A.

Los tramos pilotos corresponderán a partes de la vía que presentan deterioros por falla estructural, es decir, fisuras y asentamientos que muestran una fatiga de la mezcla, dónde se colocará una capa de concreto asfáltico cuyo ligante es asfalto modificado en un sector y en otro consecutivo una capa cuyo cemento asfáltico es asfalto convencional. Para garantizar la homogeneidad en las condiciones de la estructura existente, es necesaria una extracción de núcleos y exploración con apiques que permitan verificar espesores y condiciones de las capas subyacentes.

Previo a un inventario visual de daños y a la obtención de núcleos y apiques, la caracterización del desempeño será basada en las leyes de fatiga, los módulos dinámicos y las deflexiones obtenidas para ambos tramos. Latinco S. A. luego de conocer los resultados del estudio comparativo solicitado, definirá la viabilidad de la implementación de mezcladores de asfalto con EBE in situ para la producción de mezcla modificada en algunos de sus proyectos.

1.2 OBJETIVOS DEL PROYECTO

1.2.1 Objetivo General

Analizar el comportamiento a la fatiga con módulos dinámicos y leyes de fatiga del pavimento flexible con y sin EBE utilizando dos tramos de la vía La Paila - Club Campestre, sector La Tebaida.

1.2.2 Objetivos Específicos

- Caracterizar el material pétreo disponible en la zona del proyecto y el asfalto con adición de EBE.
- Diseñar con fórmula de Marshall las mezclas asfálticas empleando adición de EBE.
- Verificar el cumplimiento de las mezclas asfálticas diseñadas con la normatividad INVIAS-2007.
- Calcular los módulos dinámicos y las leyes de fatiga.
- Efectuar auscultación de daños, extracción de núcleos y mediciones deflectométricas con el fin de determinar el comportamiento de la estructura de pavimento y módulos dinámicos y leyes de fatiga con el fin de determinar el comportamiento a la fatiga del concreto asfáltico.
- Definir mediante el análisis post-construcción si existe mejora en el concreto asfáltico modificado con EBE.

1.3 MARCO DE REFERENCIA

El diseño de las mezclas asfálticas se realiza mediante el método Bruce Marshall, el cual permite establecer la resistencia a la deformación de la mezcla y la deformación (flujo) asociada a esta resistencia. Este procedimiento, correspondiente a las normas ASTM 1559 y AASHTO 225 y INV E-748-07, está enfocado a la obtención de un óptimo de asfalto con base en características de la mezcla tales como la densidad, los vacíos, la estabilidad, el flujo y el contenido de cemento asfáltico. Se busca una alta densidad para brindar un rendimiento duradero, un cierto porcentaje de vacíos con aire para la compactación adicional que se da por efectos del tráfico y una proporción de vacíos en agregados minerales (VMA), que además de considerar lo vacíos con aire, tiene en la cuenta el espacio destinado para el asfalto entre los agregados permitiendo adherencia. Los VMA tienen un límite por norma que busca garantizar una película de asfalto suficientemente gruesa para los agregados que permita obtener una mezcla más durable (Asphalt Institute MS-22). El contenido de asfalto, además de verse afectado por las características ya descritas, se ve altamente influenciado por la absorción y el tamaño del agregado. Mezclas más gruesas requerirán menos asfalto mientras que aquellas más finas implicarán un mayor porcentaje de este.

Se busca una mezcla con buena resistencia (a través de una estabilidad mayor a 900 kgf), que sea lo suficientemente dura (densidades del orden de 2,5 kg/m^3) y que a su vez tenga el volumen de vacíos con aire tal que la mezcla funcione como un resorte cuando los vehículos transiten y no se fisure (porcentaje de vacíos medio dentro de la escala permitida por la norma de 4% a 6%). Todas estas características tienen ciertas limitantes garantizando la instalación un concreto asfáltico tal y como lo exige la norma INVIAS 2007. Esta norma, consolida en el artículo 400 los ensayos de verificación de los agregados y en el 450 los valores admisibles para una mezcla asfáltica según el nivel de tránsito, que para el caso de este trabajo de grado es NT3.

Tabla 2   Criterios de diseño de las mezclas asfálticas en caliente por el método Marshall.

CARACTERÍSTICA		NORMA DE ENSAYO INV	MEZCLAS DENSAS, SEMIDENSAS Y GRUESAS			MEZCLA DE ALTO MÓDULO
			CATEGORÍA DE TRÁNSITO			
			NT1	NT2	NT3	
Compactación (golpes/cara)		E-748	50	75	75	75
Estabilidad mínima (kg)		E-748	500	750	900	1500
Flujo (mm)		E-748	2 – 4	2 – 4	2 – 3.5	2 – 3
Vacíos con aire(V$_a$)*, %	Rodadura	E-736 o E-799	3 – 5	3 – 5	4 – 6	–
	Intermedia		4 – 8	4 – 8	4 – 7	4 – 6
	Base		–	5 – 9	5 – 8	–
Vacíos en los agregados minerales (VAM), %	Mezclas 0	E-799	≥13	≥13	≥13	–
	Mezclas 1		≥14	≥14	≥14	≥14
	Mezclas 2		≥15	≥15	≥15	–
	Mezclas 3		≥16	≥16	≥16	–
% de vacíos llenos de asfalto (VFA) (Volumen de asfalto efectivo / Vacíos en los agregados minerales) x 100 Capas de rodadura e intermedia		E-799	65 – 80	65 – 78	65 – 75	63 – 75
Relación Llenante/ Asfalto efectivo, en peso		E-799	0.8 – 1.2			1.2 – 1.4
Concentración de llenante, valor máximo		E – 745	Valor crítico			

Fuente: Tomada del artículo 450 de la norma INVIAS 2007.

Si bien la cantidad de asfalto es pequeña con respecto al volumen total de la mezcla (varía entre 4% y 7%), se hace indispensable entender su origen y sus propiedades para comprender su papel en la mezcla, y por ende los posibles efectos de una modificación. El petróleo y sus derivados son una mezcla de compuestos orgánicos con estructuras y proporciones bastante variadas, sin composición fija que hace necesario particularizar su análisis. Las normas ASTM D2007 y ASTM D6560 son métodos de ensayo que cubren un procedimiento para separar cuantitativamente la muestra de hidrocarburo, en cuatro clases de grupos químicos; saturados, aromáticos, resinas y asfáltenos, llamadas fracciones SARA (Delgado, 2006). La fracción de asfaltenos tiene una importancia particular en el dominio de pavimentos porque a ella se asocian las características de dureza y resistencia que presentan los asfaltos (Romero & Gómez, 2002).

La estructura del asfalto es algo muy similar a la mostrada en la **Figura 2**. Los tres primeros grupos mencionados (saturados, aromáticos, resinas) están agrupados a su vez en uno más grande llamado maltenos, siendo éstos la fracción soluble en hidrocarburos con bajo punto de ebullición. Mientras que las resinas, que son cadenas de aromáticos, le dan las propiedades aglutinantes al asfalto, los compuestos aromáticos, cadenas de Carbono con Benceno, tienen que ver en gran parte con su estabilidad (Romero & Gómez, 2002). Los demás aceites se encargan de darle una consistencia adecuada (trabajables), además de proteger los asfaltenos y resinas de procesos como la oxidación, causa íntimamente relacionada con el envejecimiento del pavimento.

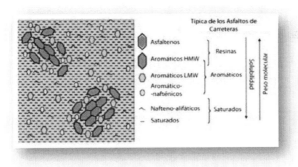

Fuente: Hurtado, 2013

Figura 2   Composición típica de los asfaltos para vías.

Teniendo en la cuenta estas particularidades de la fisicoquímica del asfalto, se espera que al modificarlo, se obtenga una mezcla con menor susceptibilidad térmica, mayor resistencia a la fatiga, mejor adhesividad, de buenas propiedades elásticas, entre otros (Shell Bitumen, 2013). Como objetivos claves se tienen evitar, por un lado, la deformación plástica a altas temperaturas, y por otro lado, el aumento de la rigidez a bajas temperaturas, disminuyendo la susceptibilidad térmica (Ayala L. & Juárez A., 2010). Todo esto va significar una carretera con buen comportamiento ante altas cargas sin importar las condiciones climáticas. Finalmente, una vía en buen estado demandará menos intervenciones, justificaciones bastante pertinentes para los modelos de concesión actuales en nuestro país.

Las mejoras en las propiedades descritas, obviamente, están estrechamente vinculadas con la relación fisicoquímica que adquieren el asfalto y el polímero. Para este proyecto se ha seleccionado el Estireno-Butadieno-Estireno (EBE), que pertenece al grupo de los polímeros elastómeros termoplásticos. La parte elastomérica le imprime la propiedad de estirarse y volver a su estado natural cuando cesa el esfuerzo. Esta acción-reacción de ceder y recuperarse es uno de las principales ventajas de la modificación. De otro lado, la parte termoplástica le brinda, cuando se calienta, trabajabilidad. Esto quiere decir que se comportan como cauchos elastoméricos a temperatura ambiente pero si se calientan, se comportan como un termoplástico.

La modificación está relacionada con la propia naturaleza del polímero modificador. El encadenamiento de diez mil o más átomos de carbono unidos por enlaces covalentes dan como resultante una macromolécula natural (madera, caucho, asfalto) o sintética, como por ejemplo plásticos y adhesivos (Bariani, Pereira, Goretti, & Barbosa, s.f.). Un Polímero, según la RAE, tiene como raíz griega πολυμερής que quiere decir compuesto de varias partes, puede ser natural o sintético formado por macromoléculas repetidas, denominadas monómeros. Cuando se habla de un copolímero, son aquellos que presentan como mínimo dos monómeros en su estructura. El copolímero puede ser alternante, aleatorio o en bloque.

Para clasificar un material polimérico como termoplástico, el material debe tener las características esenciales siguientes:

- Recuperación elástica: habilidad de ser estirado en alargamientos moderados y una vez se deje de hacer esfuerzo, recupere su forma inicial casi en su totalidad.
- Capacidad de fundirse a temperaturas elevadas.
- Inexistencia de deformaciones plásticas.

El EBE es un copolímero alternante que muestra un comportamiento similar a una red reticulada donde los bloques de poli estireno (que van al final de la cadena) adoptan un estado rígido, mientras que los bloques (centrales) de poli butadieno actúan como uniones elásticas amorfas entre ellos (Becker, Méndez, & Rodríguez, 2001). Los polímeros elastoméricos son aquellos que cuando se calientan, se descomponen antes de ablandarse con propiedades elásticas (Bariani, Pereira, Goretti, & Barbosa, s.f.). Por otro lado, los termoplásticos son aquellos que cuando se funden, se convierten en polímeros maleables reversiblemente (Bariani, Pereira, Goretti, & Barbosa, s.f.). Así pues, se puede establecer que el EBE, por ser un elastómero termoplástico, a bajas temperaturas presenta un comportamiento elástico, y a su vez cuando está sometido a altas temperaturas se comportan como un termoplástico (Bariani, Pereira, Goretti, & Barbosa, s.f.). Dos consecuencias directas son que, primero, cuando es incorporado al asfalto (para este caso es una mezcla densa en caliente, que implica altas temperaturas) posee un comportamiento maleable reversiblemente, deformándose y regresando a su forma original. En segundo lugar, que a medida que aumenta la temperatura, el papel del polímero en la rigidez de la mezcla se hace efectivo aumentando el módulo de la estructura modificada con respecto a una convencional (Becker, Méndez, & Rodríguez, 2001). Lo anterior asocia el uso de modificadores como el EBE con una mejora de la susceptibilidad a la temperatura del ligante, y por ende del comportamiento de la mezcla como un todo.

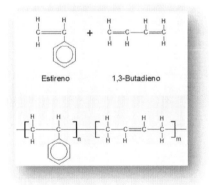

Fuente: www.monografias.com/trabajos35/caucho-sbr/cau1.gif

Figura 3   Estructura química del EBE.

El cemento asfáltico modificado con polímeros se define como aquel ligante hidrocarbonado resultante de la interacción física y química de polímeros con un cemento asfáltico (INV 400-07). Se tiene diferentes cementos asfálticos modificados con polímeros. Como se puede apreciar en la Figura 4 existen cinco tipos diferentes de cementos asfálticos.

El tipo I corresponde a los cementos asfálticos modificados con EVA o polietileno y se emplea en mezclas tipo drenante. Los tipos II, III y IV son los cementos asfálticos modificados con copolímeros de bloque estirénico como el EBE. El tipo II se aplicará en mezclas drenantes y gruesas en caliente; el tipo III en mezclas gruesas en caliente en zonas de alta exigencias y el tipo IV en mezclas antirreflectoras de grietas o riegos en caliente para membranas de absorción de esfuerzos. El tipo V es un asfalto modificado de alta consistencia.

Como se aprecia en la Figura 4, algunas propiedades del asfalto modificado con EBE se evalúan con los mismos ensayos que al asfalto convencional, tales como índice de penetración o punto de ignición. Otras más especiales son realizadas por parte del proveedor del asfalto, en este caso es Shell Colombia S.A., con el fin de dar unos parámetros más confiables.

Figura 4   Especificaciones para asfaltos con adición de polímeros.

Tabla 400.4
Especificaciones de cementos asfálticos modificados con polímeros

CARACTERÍSTICA	UNIDAD	NORMA DE ENSAYO INV	TIPO I		TIPO II		TIPO III		TIPO IV		TIPO V	
			Min	Máx	Min	Máx	Min	Máx	Min	Máx	Min	Máx
Asfalto original												
Penetración (25°C, 100 g, 5 s)	0.1 mm	E-706	55	70	55	70	55	70	80	130	15	40
Punto de ablandamiento con aparato de anillo y bola	°C	E-712	58	-	58	-	65	-	60	-	65	-
Ductilidad (5°C, 5 cm/min)	cm	E-702	-	-	15	-	15	-	30	-	-	-
Recuperación elástica por torsión a 25°C	%	E-727	15	-	40	-	70	-	70	-	15	-
Estabilidad al almacenamiento (*) Diferencia en el punto de ablandamiento	°C	E-726 Y E-712	-	5	-	5	-	5	-	5	-	5
Contenido de agua	%	E-704	-	0.2	-	0.2	-	0.2	-	0.2	-	0.2
Punto de ignición mediante la copa abierta Cleveland	°C	E-709	230	-	230	-	230	-	230	-	230	-
Residuo del ensayo de pérdida por calentamiento en película delgada en movimiento (INV E-720)												
Pérdida de masa	%	E-720	1	-	1	-	1	-	1	-	1	-
Penetración del residuo luego de la pérdida por calentamiento en película delgada en movimiento, % de la penetración original	%	E-706	65	-	65	-	65	-	60	-	70	-
Ductilidad (5°C, 5 cm/min)	cm	E-702	-	-	8	-	8	-	15	-	-	-

(*) No se exigirá este requisito cuando los elementos de transporte y almacenamiento estén provistos de un sistema de homogeneización adecuado, aprobado por el Interventor

Fuente: Instituto Nacional de Vías, 2007

La eficacia del asfalto modificado radicará, como lo demuestran Figueroa-Infante, et al. (2008), en garantizar la formación de una estructura de red asfalto-polímero continua, que aprovecha las propiedades elásticas del polímero. De esta forma, con la rigurosidad morfológica que el asfalto modificado demanda, la mezcla deseada será de tipo microheterogénea. En un sistema de estas características, donde interactúan dos fases sobrepuestas unas a otras (como las tejas en un tejado), el elemento adicionado forma una fase polimérica diferente a la fase asfáltica residual, constituida por las fracciones deseadas del ligante, a saber: los aceites restantes, las resinas y los asfaltenos (Montejo Fonseca, 2006).

Los asfaltenos son los menos propensos a mezclarse con los polímeros debido a su solubilidad, factor que a su vez está relacionado con el peso molecular, debido a que mientras más alto sea el peso molecular, más altos serán los requerimientos de similitud entre los parámetros de solubilidad (Larsen, Alessandrini, Bosch, & Cortizo, 2009). Por esta razón es que el polímero establece una fase con la parte ligera del asfalto. Así pues, en un ligante modificado con EBE, "el asfalto es la fase continua del sistema, y el EBE está homogéneamente disperso en ella" (Chen, Liao, & Shiah, 2002) debido a las pequeñas cantidades de modificante que se deben adicionar para evitar la plastificación de la mezcla. Para el momento del mezclado, las esferas de EBE estarán hinchadas por los aceites y la fase asfáltica estará compuesta por asfaltenos en una matriz continua compuesta por resinas. De aquí la trascendencia del peso molecular en el enlace: los aceites, al tener el peso molecular más bajo y una estructura de muchas cadenas y pocos anillos, pueden ser absorbidos por el polímero Estireno-Butadieno-Estireno (Chen, Liao, & Shiah, 2002). De otro lado, los asfaltenos, al tener le peso molecular más alto, quedan aislados gracias a la protección de las resinas (con peso molecular medio). Se garantiza la continuación de los asfaltenos como parte esencial de la estructura asfáltica puesto que hay una relación directamente proporcional entre su peso molecular y la rigidez de la mezcla (Chen, Liao, & Shiah, 2002).

El EBE puede ser usado tanto en lugares con temperaturas bajas como en lugares en temperaturas altas por los componentes que posee. Cuando el ligante presenta un flujo viscoso, debido a un incremento en su temperatura, el EBE entra a jugar un papel extremadamente valioso pues envuelve el ligante en una especie de malla y mantiene la consistencia debido a los estados sólidos que tiene la parte estirénica. También actúa en sentido contrario ayudando a la mezcla cuando el ligante presenta un comportamiento vítreo, ya que aumenta la elasticidad aunque la temperatura sea muy baja (Da Costa A., 2000).

Si bien la información de base muestra un buen comportamiento de la mezcla asfáltica modificada con EBE, es a partir del análisis de ensayos de módulos dinámicos, leyes de fatiga y mediciones deflectométricas, incluidos en este proyecto, que se van a adquirir criterios más firmes para tomar una decisión de ingeniería con sus consecuencias económicas. Claro está que, previo a estos ensayos y mediciones especiales, se han realizado los procedimientos usuales para el diseño de una mezcla asfáltica, desde la granulometría hasta el método Marshall, ajustados a la norma INVIAS 2007.

Todo el desarrollo del concepto de comparación de este trabajo se soportó con base en auscultación de daños, extracción de núcleos y realización de apiques. Las patologías que puede presentar una capa de mezcla asfáltica en un pavimento flexible son los posibles daños superficiales, fáciles de determinar a simple vista, que se generan en ella por múltiples causas. Dentro de estas, cabe mencionar las siguientes: cargas de tránsito muy pesadas para el espesor, saturación del suelo subrasante, falta de estabilidad de las capas de pavimento, deficiencia de compactación en terraplenes o de alguna de las capas, drenaje subterráneo deficiente, baja estabilidad de la capa asfáltica, deslizamiento de las carpetas sobre la base, falta de adherencia de la capa de rodadura. Los daños que se pueden presentar son variados y depende de las causas anteriores que las generen. Entre ellas están las fallas de deformaciones, fisuras y grietas, desprendimientos o afloramientos (Montejo, 1997). Adicionalmente, los núcleos y apiques son los procedimientos a través de los cuales se aprecian y evalúan las condiciones estratigráficas actuales, detallando espesores, densidades y otras características.

En el medio de la construcción hay diversos ensayos, pero se escogieron los módulos dinámicos y las leyes de fatiga porque son los que me vislumbran en realidad como se comporta la mezcla.

El módulo dinámico es una expresión matemática que relaciona esfuerzo con deformación unitaria (ver ecuación 1). Este criterio da razón de la rigidez de la mezcla y por ende describe la capacidad del concreto asfáltico de absorber energía para deformarse. Se expresa en términos de esfuerzos.

$$M = \frac{\sigma}{\varepsilon} \qquad 1$$

Donde,

M: módulo dinámico.

σ: Esfuerzo, medida de la fuerza por unidad de área.

ε: Deformación unitaria, medida de la deformación total por unidad de longitud.

La magnitud del módulo está asociada a la temperatura y frecuencia, ambos criterios propios del lugar en particular, es decir, la vía a intervenir presenta unas condiciones climáticas puntuales para cierto tipo de carga. La frecuencia no sólo está asociada a las cargas a las cuales está sometida la estructura sino también a la velocidad a la cual pasan los vehículos, que a su vez está relacionada a la velocidad de diseño de la vía. Un incremento de la frecuencia implica un aumento del módulo y por ende, la estructura de pavimento debe tener una rigidez tal que le permita soportar las cargas a las cuales va a estar sometida.

La máquina para este ensayo, descrito en la norma INV E-754-07, debe tener la capacidad de producir una onda de medio seno inverso y de aplicar cargas dentro de los intervalos de frecuencia mencionados con niveles de esfuerzo hasta 690 kPa. El sistema de control de temperatura tendrá que variar la temperatura a valores entre 0° C y 50 ° C. El sistema de medida tendrá dos canales, uno para la medida del esfuerzo, determinando cargas hasta de 13,3 kN y el otro para medir deformación en un intervalo de 300 a 5000 micro unidades de deformación. Los valores de la deformación se obtienen con deformímetros de alambre ubicados a la mitad de la altura de los especímenes, opuestos el uno del otro, conectados con un circuito de puentes de Wheatstone. Las cargas son medidas con una celda electrónica.

En adición al módulo, las fisuras por fatiga y la deformación permanente son otros dos aspectos considerados bastante en la ingeniería de vías desde el punto de vista de su significado respecto al deterioro de un pavimento (Proyecto Fénix, 2008). Para determinar las leyes de fatiga, las muestras asfálticas compactadas en el laboratorio o tomadas del terreno, son sometidas a flexión dinámica hasta llevarlas a la falla. Cuando el espécimen experimenta una reducción de más del 50% de su rigidez, se le conoce como punto de falla y se da por concluido el ensayo (Instituto Nacional de Vías, 2007). Mediante la aplicación de ciertas cargas cíclicas dinámicas, que simulan el tránsito de los vehículos, se obtiene un algoritmo (ver ecuación 2) donde se muestra el proceso de deterioro gradual por esta aplicación sucesiva de cargas.

En el mundo existen varias formas de cuantificar la fatiga de los pavimentos para este tipo de ensayo. En EE.UU., la AASHTO realiza ensayos a escala real sometiendo los tramos a diferentes cargas cíclicas con vehículos de diferentes tamaños y variando las frecuencias, registrando los resultados. Un segundo método es el ensayo a escala, donde las cargas cíclicas no pueden ser vehículos sino unas acordes con el tamaño de la muestra. El tercer método es el que se realiza en el laboratorio, donde la muestra son unas probetas que se someten a cargas cíclicas por medio de unas prensas dinámicas. Para el desarrollo de este proyecto, se tendrá el ensayo de Leyes de Fatiga por medio del tercer método.

Este ensayo, además de cuantificar los ciclos que va a soportar el pavimento, ayuda a prever el desempeño y, dado el caso, a dimensionar la estructura de pavimento por medio de una expresión matemática que relaciona ciclos de carga con la deformación unitaria (González H., 2013).

$$\varepsilon = k^{1/n} \times N^{-1/n} \qquad 2$$

Donde,

ε = Deformación por tracción en el centro de la probeta
k= constante
n= pendiente de fatiga
N= número de ciclos de falla

El procedimiento se puede realizar imponiendo esfuerzos o deformaciones contantes. En el primer caso, el ensayo llega a su fin cuando la muestra ya no pueda absorber más carga. Por otro lado, en el segundo caso el ensayo llega a su fin cuando se alcance un módulo dinámico tal que sea la mitad del inicial. Después de conocer el número de ciclos (N laboratorio) se debe proceder a convertirlo a una magnitud más representativa desde el punto de vista de la ingeniería de tránsito, es decir, un $N_{tránsito}$ con una magnitud de ejes equivalentes que esa vía va a soportar durante su servicio.

Esta conversión se hace a través de un factor de calaje (ver ecuación 3). Este factor tiene implícitas unas condiciones y particularidades que en el fenómeno a menor escala, que se elabora en el laboratorio, no se tienen en cuenta. Las diferencias con la realidad radican en que: en la vía los vehículos no siempre pasan por el mismo punto, el pavimento tiene periodos de descanso debido a que no siempre pasarán vehículos, existe una auto reparación y el apoyo real es el suelo, condiciones que no se satisfacen en el laboratorio (González H., 2013).

$$N_{tránsito} = F_c \times N_{laboratorio} \qquad 3$$

El detalle para realizar el ensayo y establecer la ecuación de fatiga está dado en la norma INV E 784-07, que aplica para mezclas asfálticas en caliente, compactadas en laboratorio o tomadas del terreno, sometidas a flexión dinámica hasta llevarlas a la falla. El sistema de ensayo debe contener mecanismos de carga axial, sistemas de control y medición siguiendo unos requerimientos mínimos que se encuentran en la misma norma. El equipo empleado es el Nottingham Asphalt, el cual está en capacidad de producir cargas repetidas de forma sinusoidal en unos rangos de frecuencia y temperatura establecidos.

Por último, se complementa la evaluación con las deflexiones que son "el parámetro universal empleado para la caracterización de la capacidad estructural de un pavimento" (Ficha técnica deflectómetro de impacto Dynatest HWD 8081), las cuales se pueden medir con el deflectómetro de Impacto, la viga Benkelman, entre otros. Para este trabajo de grado se utilizó la viga Benkelman de doble brazo. Este ensayo permite determinar la deflexión recuperable de un pavimento producida por una carga. La deflexión será vertical y puntual en la superficie del pavimento bajo la acción de una carga normalizada que es transmitida por medio de las ruedas gemelas de un eje simple (INV E- 795-07).

El pavimento presenta usualmente un cuenco de deflexiones tal como se muestra en la Figura 5, que hecho mediante deflectómetro de impacto o similares permite obtener varios puntos para una misma posición o abscisa. Sin embargo, debido al alcance de la viga Benkelman (que fue la usada en para este trabajo), solo se obtiene dos puntos: D_0 que corresponde a las deflexiones en el punto de aplicación de la carga y D_{25} que hace referencia a las deformaciones a 25 cm del punto de aplicación de la carga. La deflexión en la superficie del punto de aplicación (obtenida como el producto del factor de la viga por el Do) es el dato más representativo sin descartar los demás datos para evaluar la forma de distribución de la carga en el pavimento.

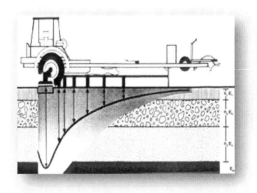

Fuente: (Revista Infraestructura Vial, 2013)

Figura 5   Cuenco deflexiones.

2 METODOLOGÍA

Este proyecto está enfocado hacia la caracterización y la evaluación del desempeño de pavimentos flexibles con y sin adición de EBE, razón por la que se ven involucradas variables cualitativas y cuantitativas. Con el objetivo de estructurar el proyecto de una manera tal que permitiese un desarrollo secuencial y controlado, se establecieron las etapas siguientes:

2.1 ETAPA I. CARACTERIZAR LOS COMPONENTES DE LA MEZCLA ASFÁLTICA.

La mezcla asfáltica está compuesta por agregados pétreos, asfalto (ligante), llenante mineral y aire. En esta sección se presentan los métodos, normas, información y procedimiento que permiten caracterizarlos y describirlos. Para realizarlos, se utilizaron las muestras siguientes:

Tabla 3 Muestras.

Cantidad	Descripción
2 sacos de 25 Kg	Triturado – tamaño máximo ¾"
3 saco de 25 Kg	Intermedios de trituración (arenas)
1 saco de 25 Kg	Arena natural
1,0 galón	Asfalto tipo III
1,0 galón	Asfalto 60-70
1 saco de 20 Kg	Llenante (Arena caliza)

Fuente: propia

El asfalto es procedente de la refinería de Ecopetrol en Barrancabermeja. El llenante es un material pasa 200, que junto con los materiales pétreos proviene del Río La Vieja. Se escogieron las cantidades de acuerdo a las necesidades de los ensayos de laboratorio a realizar.

2.1.1 Descripción del agregado mineral

La normatividad del INVIAS exige realizar los siguientes ensayos y además cumplir con ciertos máximos, mínimos o intervalos de valores, según el tipo de pavimento a desarrollar y la norma en cuestión. A continuación se describen los procedimientos llevados a cabo.

2.1.2 Granulometría

La norma I.N.V.E-213-07 permite determinar cuantitativamente la distribución de los tamaños de las partículas de agregados gruesos y finos de un material (Instituto Nacional de Vías, 2007). Para ello son necesarios los tamices con las distintas tamaños de aberturas cuadradas, una balanza y un horno.

Las muestras para el ensayo se obtuvieron por el método del cuarteo. Para proceder se debió secar la muestra a una temperatura de 110°C y posteriormente, pasar el material por los tamices. El tamizado a mano se detalla en la norma anteriormente mencionada.

El material retenido en cada tamiz permite hallar el porcentaje que pasa de cada uno con las fórmulas de la ecuación 4 y la ecuación 5

$$\% \, retenido = \frac{peso \, retenido \, (g)}{peso \, total \, (g)} \times 100 \qquad 4$$

$$\% \, que \, pasa = \% \, que \, pasa \, en \, tamiz \, anterior - \% \, retenido \qquad 5$$

❖ Dureza

La dureza está definida por el desgaste en la máquina de Los Ángeles, mediante la cual se mide la resistencia a la abrasión y se obtiene una idea de competencia de agregados pétreos de similar composición mineralógicas de distintas fuentes (Instituto Nacional de Vías, 2007).

Inicialmente, la muestra se debió lavar y secar en el horno. Se realizó la granulometría para los tamices indicados y, de acuerdo a cuatro gradaciones estándar indicadas en la norma I.N.V.E-218-07, se seleccionó la que más se parecía que pare el caso fue la tipo B.

Este tipo determina la cantidad de agregados, el número de esferas y el número de revoluciones necesarias para el ensayo. Para este ensayo los valores fueron 5000 g de muestra, 11 esferas y 500 rpm.

La máquina debe estar calibrada de tal manera que garantice una velocidad comprendida entre 30 y 33 rpm y un giro uniforme. Finalmente, se hizo una separación de la muestra con base en el tamiz No. 12 y el material retenido se lavó, secó y pesó. El desgaste es un porcentaje (ver ecuación 6), expresado en términos de la masa seca perdida después de efectuar el ensayo.

$$\% \, de \, desgaste = \frac{(P_1 - P_2)}{P_1} \times 100 \qquad 6$$

Donde,

P_1: masa de la muestra seca antes del ensayo

P_2: masa de la muestra seca después del ensayo.

❖ **Durabilidad**

Se midió la resistencia a la desintegración de los agregados mediante una solución saturada, en este caso de sulfato de sodio y de Magnesio, y un posterior secado al horno. Este es un buen indicador de su posible reacción ante agentes atmosféricos variables. La fuerza de expansión interna consecuencia de la rehidratación de la sal, después de la inmersión en la solución, pretende simular la expansión del agua por congelamiento (Instituto Nacional de Vías, 2007).

Las soluciones se prepararon con las cantidades de sal indicadas en la norma I.N.V.E-220-07, donde también se precisa la temperatura, forma de agitar, además de la cantidad de muestra de agregados finos y gruesos a emplear con sus correctas fracciones.

Se pesaron las fracciones de agregados finos y gruesos antes del ensayo, se registraron las masas de las respectivas fracciones después del ensayo y se determinó el porcentaje de pérdida ponderado para cada tamiz. La sumatoria de estos promedios dio lugar al porcentaje de pérdida de los agregados finos y gruesos, separadamente. Se calculó de la siguiente manera, tal cual se muestra en la ecuación 7 y la ecuación 8.

$$\% \, de \, pérdida = \sum \% \, de \, pérdida \, ponderados \qquad 7$$

$$\% \, de \, pérdida \, ponderado = \% \, pérdida \times \% \, retenido \, en \, la \, muestra \, original$$

$$\% \, p\acute{e}rdida = \frac{(M_1 - M_2)}{M_1} \qquad 8$$

Donde,

M_1: masa de las fracciones antes del ensayo

M_2: masa de las fracciones después del ensayo

❖ **Limpieza**

➤ **Índice de plasticidad**

El índice de plasticidad está definido como el tamaño del intervalo de contenido de agua, dentro del cual el material está en un estado plástico (INV E -126 - 07). La imposibilidad de establecer un límite líquido impide definir un valor de plasticidad.

- Límite líquido

    Es el contenido de humedad cuando éste se halla en el límite entre el estado líquido y el estado plástico (INV E- 125- 07). Para llevarlo a cabo se usó la cazuela descrita en la misma norma y se dio el número de golpes necesario para cerrar la ranura conformada según la indicación (muestra con cierto contenido de agua). Se procedió a procurar completar los intervalos de ranura exigidos para la construcción de la curva de fluidez, la cual relaciona el número de golpes con la humedad.

- Límite plástico

    El limite plástico de un suelo es el contenido más bajo de agua en el cual el suelo permanece en estado plástico. (INV E-126-07).

    Para proceder se tomó una muestra de suelo que pasara por el tamiz No. 40 amasándola con agua tratando de formar unos rollos de diámetro uniforme de 3 mm en toda su longitud, dividiéndolos en seis u ocho trozos. Se trataron de juntar los trozos formando de nuevo una masa uniforme, según exige el procedimiento, sin éxito alguno.

➤ **Equivalente de arena**

Esta característica hace referencia a la proporción relativa del contenido de material arcilloso en los suelos o agregados finos (INV E -133-07). Es la relación de la altura de arena y la altura de arcilla, expresada en porcentaje.

Para proceder, se debió tener una muestra obtenida por el método del cuarteo, de material pasa tamiz No. 4. Se le adicionó una solución floculante (stock), mezclándolos en un cilindro plástico graduado, lo que generó que el suelo perdiera las partículas arcillosas. Se esperó un tiempo de sedimentación y se determinaron las alturas de las arcillas suspendidas y las arenas sedimentadas. Se realizaron tres repeticiones y se calculó el equivalente de arena a partir de la ecuación 9.

$$EA = \frac{Lectura\ de\ arcilla\ (mm)}{Lectura\ de\ arena\ (mm)} \qquad 9$$

> **Contenido de impurezas**

Se determinó la limpieza superficial de los agregados, de tamaño mayor a 4,75 mm, utilizados en la construcción de la carretera (INV E- 237- 07). Para proceder, se seleccionó una porción para determinar la humedad y otra para determinar la limpieza superficial. Se calculó la masa húmeda, luego se colocó sobre el tamiz No. 35 y se lavó directamente hasta que el agua salió limpia. Posteriormente, la masa retenida en el tamiz de referencia se recuperó y secó a 110 °C. Finalmente, se tamizó durante un minuto sobre el mismo tamiz y se pesó la cantidad restante (m).

$$I_s = \frac{M_h - M_s}{M_s} \qquad 10$$

$$M_{se} = I_s \times M_{he} \qquad 11$$

$$Imp = M_{se} - m \qquad 12$$

$$C_{ls} = \frac{Imp}{M_{se}} \qquad 13$$

Donde,

I_s: índice de sequedad

M_h: masa húmeda (para humedad)

M_{he}: masa húmeda (para ensayo)

M_s: masa seca (para humedad)

m: masa seca retenida después de lavado (para ensayo)

M_{se}: masa seca

Imp.: impurezas

C_{ls}: coeficiente de limpieza superficial

❖ Geometría de las partículas

> **Caras fracturadas**

Este ensayo permite determinar el porcentaje de partículas con caras fracturadas. (INV E -227-07). Se inició secando completamente la muestra, pasándola por el tamiz No. 4 y reduciéndola por cuarteo. Se lavó el material sobre el tamiz en cuestión y se secó. Se inspeccionó cada partícula verificando que la cara fracturada sea al menos un cuarto de la mayor sección transversal de la partícula.

Utilizando una espátula, se separó la muestra en tres categorías así: partículas fracturadas que cumplan con el criterio requerido, partículas que no cumplan con el criterio y partículas dudosas. Se determinó la masa de las tres categorías para calcular el porcentaje de partículas fracturadas. Si más del 15% del total pertenecía al grupo de las dudosas, se debía repetir el proceso hasta obtener un porcentaje menor a este. Se calculó el porcentaje de caras fracturadas (ecuación 14) a partir del resultado por franja de tamices (ecuación 15) y teniendo en la cuenta su porción representativa en la gradación original (ecuación 16).

$$\% \, de \, caras \, fracturadas = \frac{\sum E}{\sum D} \qquad \mathbf{14}$$

$$E = \sum C \times \sum D \qquad \text{15}$$

$$C = \frac{\sum B}{\sum A} \times 100 \qquad \text{16}$$

Donde,

E: promedio de caras fracturadas

D: porcentaje retenido en gradación original

C: porcentaje de partículas con 1 ó 2 caras fracturadas por tamiz

B: masa de partículas con 1 ó 2 caras fracturadas

A: masa inicial de la muestra

> Índice de forma

Se definieron los índices de aplanamiento y de alargamiento de los agregados a emplear en la construcción de carreteras. (INV E -230 -07).

Ver detalle de cálculo en Anexo 15

> Índice de aplanamiento

Una partícula se considera plana cuando su dimensión mínima (espesor) es inferior a 3/5 de la dimensión media de la fracción. La fracción granulométrica (d_i/D_i) es la porción de agregado que pasa por el mayor de los tamices D_i y es retenida por el menor d_i (INV E -230-07).

Para proceder, la muestra se redujo por cuarteo y se llevó al horno a 110 °C para asegurar el secado. El ensayo consistía con dos operaciones sucesivas de tamizado. La primera fue para dividir la muestra en fracciones d_i/D_i con la ayuda de los tamices. Se sumaron las masas de cada fracción resultando M_1. La segunda consistió en cribar cada fracción granulométrica con los tamices de barras separadas con el criterio del espesor inferior a 3/5 de la dimensión media de la fracción ($3/5[(d_i+D_i)/2]$), las partículas que pasaban eran consideradas planas. Se sumaron las masas de las partículas planas resultando M_2.

$$Ip = \frac{M2}{M1} \qquad \qquad 17$$

> **Índice de alargamiento**

Una partícula larga es aquella cuya dimensión máxima es superior a 9/5 de la dimensión media de la fracción. Con la misma lógica que en el numeral anterior, se determinó M_1 como la suma de las masas retenidas en cada fracción y M_2 como la suma de las masas de las partículas largas (criterio 9/5[$(d_i+D_i)/2$]) de cada fracción.

$$IL = \frac{M2}{M1} \qquad \qquad 18$$

❖ Contenido de vacíos en agregados finos

Se determinó el contenido de vacíos de una muestra de agregado fino no compactado. El contenido de vacíos provee una indicación de la angulosidad, esfericidad y textura del agregado o del efecto del agregado fino en la manejabilidad de una mezcla. (INV E-239-07).

Para llevarlo a cabo, se llenó con agregado fino un medidor cilíndrico calibrado de 100 ml nominales a través de un embudo. El agregado fino se extrajo y se determinó su masa. El contenido de vacíos (ecuación 19) se calculó como la razón entre el volumen del agregado fino recogido en el medidor (ecuación 20) y el volumen del molde, expresado en porcentaje. Se efectuaron dos repeticiones y el valor definitivo fue el promedio de estos.

$$Vol. agregado\ fino\ recogido\ (cm^3) = Peso\ material\ fino\ (g) \times G_{s\ fino}\ (g/cm^3) \qquad 19$$

$$Contenido\ de\ vacíos = \frac{Vol. agregado\ fino\ recogido\ (cm^3)}{Vol. molde\ (cm^3)} \times 100 \qquad 20$$

❖ Gravedad específica

Este cálculo es vital para el diseño, debido a que la gravedad específica expresa relaciones de sólidos, agua y aire para un volumen determinado. Así pues, esta magnitud será de gran utilidad en el momento de definir las proporciones adecuadas de llenante, de agregado grueso, de finos, etc.

Se calcularon tres gravedades específicas. La gravedad específica bulk (Gsb), bulk saturada superficialmente seca ($GEBE_{ss}$) y aparente (Gsa). La primera gravedad es la que se utiliza en el método Marshall descrito en el 2.2.2, en la página 39.

El procedimiento para calcular la gravedad específica del suelo está en función de su tamaño existiendo variaciones en el procedimiento para el llenante, los gruesos y los finos.

> **Llenante**

El ensayo permite determinar la gravedad específica por medio del picnómetro que establecer una la relación entre la masa de un cierto volumen de sólidos y la masa del mismo volumen de agua destilada (INV E -128-07).

El picnómetro se llenó con agua desairada, se debió registrar la masa del picnómetro con el agua a esta temperatura (W_a). Se cargó el material en el picnómetro y se añadió agua agitando hasta formar una lechada. Se extrajo el aire con ayuda de la bomba de vacío. Después de termina de llenar el picnómetro y se registró la masa del picnómetro con suelo y agua (W_b). Se midió la temperatura de la lechada (T) para luego secar la lechada al horno a 110° C y registrar su masa (W_s). Adicionalmente, se debió tener en la cuenta el factor K, valor de corrección que varía según la temperatura del ensayo. Para cierta temperatura dada se tiene la expresión de la ecuación 21.

$$G_s = \frac{W_s + K}{W_s + W_a - W_b} \qquad 21$$

Donde,

W_a: masa del picnómetro con el agua a la temperatura indicada.

W_b: masa del picnómetro con muestra y agua.

W_s: masa de la muestra seca.

T: temperatura del ensayo.

K: factor de corrección por temperatura.

> **Agregados gruesos**

La muestra para este ensayo se obtuvo a partir de un tamizado y posterior lavado que permite dar con un material mayor a 4.75 mm y sin finos adheridos. Inicialmente se calentó la muestra obtenida en el horno, luego se dejó enfriar a temperatura ambiente y, finalmente, se sumergió en agua por un periodo de entre 15 y 19 horas.

Pasado el tiempo, se retiraron los agregados y se secaron superficialmente para poder determinar la masa saturada con superficie seca (W_{sss}). Seguido se colocó la muestra en el agua y se determinó su masa sumergida (W_a). Por último, se estableció su masa seca (W_s), previo paso por el horno.

A partir de estas tres masas, la seca, la saturada superficialmente seca y la sumergida, se calcularon las gravedades específicas bulk (Gsb, ecuación 22), bulk sumergida ($GEBE_{ss}$, ecuación 23) y aparente (Gsa, ecuación 24), tal como se detalla en la norma INV E-223 07.

$$Gsb = \frac{W_s}{W_{sss} - W_a} \qquad 22$$

$$Gsb_{sss} = \frac{W_{sss}}{W_{sss} - W_a} \qquad 23$$

$$Gsa = \frac{W_s}{W_s - W_a} \qquad 24$$

➢ **Agregados finos**

Esta norma se aplica para agregados que pasan el tamiz No. 4 (INV E -222-07). Para proceder, se tomó una muestra de 1 kg, se secó la muestra en el horno a 110 °C, se registró su masa y se dejó sumergida en agua durante un periodo de 15 horas. Después de las 15 horas, se esparció completamente la muestra para secarla con aire caliente hasta obtener una condición saturada y superficialmente seca. Se llenó parcialmente el picnómetro con agua y se introdujo el material fino. Se determinó la masa total del picnómetro con agua y muestra. Se removió el agregado fino del picnómetro y se llevó al horno a 110 °C registrando su masa.

Así pues, de forma similar al procedimiento para los agregados gruesos, se encuentran las tres masas ya descritas y a partir de ellas se calculan las gravedades específicas.

2.1.3 Caracterización del ligante

Debido a las instalaciones de laboratorio Latinco S.A., sólo se pudieron verificar en laboratorio la penetración y la ductilidad para ambos asfaltos. Sin embargo, se presentan una serie de propiedades que vienen en la ficha técnica de cada uno de los asfaltos y que se describen para poder incluirlos en el análisis.

❖ Ligante convencional

➢ Penetración

La penetración se define como la distancia, expresada en décimas de milímetro hasta la cual una aguja penetra verticalmente en el material con una temperatura de 25 °C, un tiempo de 5 segundos y una carga móvil total (INV E- 706- 07).

Para proceder, se calentó la muestra hasta alcanzar la fluidez. Se debieron dejar enfriar en las probetas de ensayo durante 1 hora y luego sumergirlas en agua hasta que termine el periodo de enfriamiento. Una vez transcurridos estos tiempos, se aproximó la aguja hasta que su punta tocara la superficie de la muestra para finalmente soltarla. Se tomaron las medidas (fueron 3 repeticiones) de penetración que haya registrado el penetrómetro.

➢ Índice de penetración

Determina el índice de penetración (Ip) de los cementos asfálticos (INV E -724 -07). Se calcula a partir de los valores de penetración y del punto de ablandamiento.

➢ Ductilidad

Determinada por la norma INV E -702-07, la ductilidad es la distancia máxima en centímetros que se estira la muestra hasta el instante de la rotura.

Para proceder, se calentó el material asfáltico hasta que estuvo lo suficientemente fluido para verterlo en los moldes. Se dejó enfriar el material en la probeta a temperatura ambiente durante 30 minutos y en un baño de agua otra media hora. Se retiró la placa del molde y se montó en el ductilómetro, poniendo a continuación en marcha el mecanismo de arrastre del ensayo a la velocidad especificada hasta que se produjo la rotura.

➢ Curva reológica

Esta curva muestra la variación de la viscosidad con la temperatura. Es a partir de ella que se establecen las temperaturas de mezclado y de compactación. Su conocimiento es vital ya que, primero, una temperatura de mezclado adecuada garantiza una correcta interacción con los agregados, y segundo, el método constructivo es óptimo cuando se compacta con los ciclos y sobre todo la temperatura indicada por el proveedor.

❖ Ligante modificado

De acuerdo con la capacidad y el alcance del laboratorio de la planta, y teniendo en cuenta las verificaciones corrientes que se le dan al asfalto, sólo se chequearon la ductilidad y la penetración para el asfalto modificado tipo III.

Los ensayos que realiza la Shell, que es el distribuidor de este tipo de asfalto, y que Latinco S. A. no cuenta con los equipos de laboratorio para realizarlos son los siguientes: rrecuperación elástica a la torsión, estabilidad al almacenamiento, contenido de agua y penetración del residuo luego de la pérdida por calentamiento. Sus valores se encuentran consignados en la Tabla 11, en la página 59.

2.2 ETAPA II. DISEÑAR LAS MEZCLAS ASFÁLTICAS REQUERIDAS.

Esta etapa busca definir la dosificación de los agregados estableciendo la proporción de cada uno de estos y del ligante, empleando la metodología Marshall lo cual permite fijar la fórmula de trabajo a emplear.

El hecho de definir las proporciones de los agregados pétreos implicó realizar varias granulometrías hasta cumplir con la norma INVIAS 450-07. Así pues, en ella participaron además del laboratorista, algunos expertos por parte de Shell de Colombia S.A. y la Concesionaria Autopistas del Café, ambos directamente implicados en este proyecto.

2.2.1 Dosificación

Previa caracterización de los materiales y de las verificaciones realizadas en el numeral 2.1.1, se define el porcentaje de cada uno de los cuatro tipos de materiales pétreos disponibles en la planta Riobamba procurando el cumplimiento de la dosificación resultante con respecto a la franja que exige la norma.

Se varían los contenidos repetidas veces hasta obtener la ponderación adecuada, es decir, que se ubique dentro del espectro de la norma. La forma de hacerlo es apuntarle a los puntos medios de la franja e ir ajustando paulatinamente. Las variaciones que permite la norma crean una holgura para la producción industrial de la mezcla, pero siempre manteniéndose dentro de la franja admitida.

2.2.2 Marshall

Se elaboraron los especímenes de 4" de diámetro y 2 ½" de altura como se observan en la Figura 6. Se fabricaron 3 briquetas para cada uno de los diferentes porcentajes de asfalto establecidos con el objetivo de graficar y definir el contenido óptimo de asfalto. Los porcentajes definidos fueron desde 4,5% hasta 6,5% variando cada 0,5% para un total de 5 contenidos de asfalto diferentes en laboratorio. Cada uno de estos porcentajes tiene asociadas 3 briquetas, según especificaciones de la norma, y los valores trabajados correspondieron a sus promedios.

Fuente: propia

Figura 6   Especímenes para Marshall.

Para la preparación de las probetas los agregados se debieron calentar a una temperatura por encima de la de mezclado, teniendo en la cuenta las temperaturas especificadas por el proveedor del asfalto en las fichas técnicas (curvas reológicas). El asfalto modificado se tuvo que llevar hasta 170° C y el convencional hasta 150 °C. La adición del asfalto se hizo a las temperaturas indicadas por el proveedor, a saber 160 °C para el tipo III y 145 °C para el 60/70. Después de realizar el mezclado, se coloca la mezcla y se golpea con una espátula, para en seguida aplicar 75 golpes con el martillo de compactación. La temperatura de compactación también tuvo que ser mayor para la mezcla modificada en comparación con la convencional.

A partir del método Rice se halló la máxima gravedad específica de la mezcla suelta para cada contenido de asfalto, además de obtener la expresión que relaciona ambas variables. Después de haber tomado las densidades, las briquetas se pusieron en un baño de agua a 60° C durante 30 minutos. Posteriormente, se llevaron a la prensa para determinar la carga máxima alcanzada conservando una variación de 2"/min. Esta carga correspondió a la estabilidad Marshall y la disminución del diámetro en milímetros que marcó el medidor en ese momento fue el flujo.

Para los cuatro porcentajes de asfalto diferentes se construyeron las gráficas referentes al peso específico bulk, al porcentaje de vacíos con aire y a la estabilidad. El valor mínimo o máximo de cada curva, según corresponda, fue el óptimo de asfalto para cada propiedad.

El óptimo de asfalto se calculó como el promedio de estos tres valores Seguido, se construyen de forma similar las gráficas para porcentaje de vacíos con aire, vacíos llenos de asfalto y flujo. La ordenada correspondiente al valor óptimo de asfalto ya calculado era, para cada caso, la entrada para encontrar el valor definitivo del porcentaje de vacíos con aire, vacíos llenos de asfalto y flujo.

Los equipos empleados fueron el: horno, molde para probetas, extractor de probetas, martillo de compactación, pedestal de compactación, tanque para baño en agua con control de temperatura y la prensa hidráulica.

2.2.3 Fórmula de trabajo

Se describe la "receta" para la elaboración de la mezcla recopilando la información contenida en los numerales 2.2.1 y 2.2.2. Cada uno de estos parámetros se debe verificar según lo estipulado en el artículo 450-07 de la norma INVIAS.

2.2.4 Prueba de tracción indirecta

Se midió el efecto del agua sobre la resistencia a la tracción indirecta en especímenes de concreto asfáltico, específicamente para mezclas compactadas según norma INV E- 725-07. Se realizó la prueba para determinar el potencial de daño por humedad.

Se hizo el ensayo con seis briquetas (fabricadas de forma similar a las usadas en el numeral 2.2.2), de las cuales se anotaron de cada una sus dimensiones, como también la masa seca en el aire. Antes de saturar tres de ellas a 60°C y curar las otras tres a 25°C, se determinaron sus resistencias a la tracción en estado seco. Luego, se sometieron al ensayo en su respectiva condición (seca o húmeda) y se estableció el cambio en la masa y en sus dimensiones, calculando a partir de estos datos el cambio de volumen. Teniendo esta información, se pudo determinar la resistencia a la tracción en estado húmedo. La razón de la resistencia a la tracción húmeda con la resistencia a la tracción seca fue la que nos indicó si había o no daño por humedad.

2.2.5 Concentración crítica del llenante

Para este ensayo se siguió el procedimiento descrito en la norma INV-E-745, y está planteado como una verificación adicional sobre la fragilidad de la mezcla (Instituto Nacional de Vías, 2007). Consistió en someter una cantidad de llenante conocida con kerosene, en una probeta, a un baño de agua a temperatura de ebullición. Se removió periódicamente la probeta y se dio por terminado el procedimiento cuando hubo más burbujas de aire. Se dejó en reposo la muestra por un día y finalmente se estableció el volumen ocupado por el llenante restante.

Se calcularon las concentraciones crítica y real del llenante. La primera es la relación entre el volumen de sólidos y el sedimentado. La segunda es la proporción del llenante sobre la porción que este compone con el asfalto.

Los procedimientos de cálculo se detallan en Anexo 25 y Anexo 26.

2.3 ETAPA III. DETERMINAR EL COMPORTAMIENTO DE LA ESTRUCTURA DE PAVIMENTO.

La estructura de pavimento fue evaluada en tramos viales de 500 m en doble sentido para cada tipo de mezcla asfáltica.

2.3.1 Inventario de patologías pre-existentes

La inspección del tramo se llevó a cabo en dirección La Paila-Club Campestre de la abscisa km 37+350 a la abscisa km 38+350 con un odómetro (ver Figura 7), el cual permitió determinar las patologías más representativas. Seguido, se identificó el tipo y la dimensión de la falla.

Fuente: propia

Figura 7 Auscultación de daños.

El levantamiento de daños se hizo a través de un formato simple en el que se detallaba la abscisa, el tipo de falla y el carril. El formato desarrollado se puede ver en detalle en la sección 3.4.1. Los tipos de falla se identificaron según la siguiente clasificación: deformaciones, fisuras y grietas, desprendimiento y afloramientos (Montejo, 1997). Teniendo en la cuenta este inventario, se evidenció el deterioro superficial de la capa de mezcla asfáltica a intervenir.

2.3.2 Extracción de núcleos y elaboración apiques

A partir de la extracción de núcleos se verificaron los espesores de las capas de las mezclas asfálticas preexistentes, garantizando unas condiciones homogéneas en todo el tramo a intervenir.

Latinco S.A. elaboró apiques que consisten en la excavación de 1 m^2 aproximadamente, mediante el cual se reportaron los materiales, espesores, módulos y módulos de Poisson de la base, subbase, terraplén y suelo de fundación consignados en la Tabla 4. Estos valores reportados por Latinco S. A. hacen referencia a los materiales que presenta todo el tramo piloto.

Tabla 4. Información reportada de los apiques.

MATERIAL	ESPESOR (cm)	MÓDULO (kgf/cm2)	COEFICIENTE DE POISSON
Base granular	50	2.100	0,40
Subbase granular	40	1.400	0,40
Terraplén	1.200	1.000	0,45
Suelo de Fundación	-	900	0,50

Fuente: Latinco S. A.

2.3.3 Información secundaria

Se analizó el diseño suministrado por Latinco S.A. el cual incluía los espesores de capa a construir, definidos en un marco contractual y teniendo en la cuenta la información del numeral anterior. El tramo seleccionado fue concebido como un sector piloto con 10 cm de capa de mezcla modificada y 12 cm de convencional.

Fue a partir de la extracción de núcleos y elaboración de apiques, junto con la información secundaria que se estableció la actividad a ejecutar contractualmente. Se hizo un fresado del total de la capa antigua, que era de 8 cm, antes de instalar las nuevas mezclas.

2.3.4 Módulos dinámicos

Este ensayo fue realizado por el laboratorio de la Universidad de Los Andes por su particularidad y especialidad en términos de equipos y disponibilidad para hacerlo.

De acuerdo con la norma INV E 753-07, se debe tener un procedimiento específico para la preparación de los especímenes asfálticos para el ensayo del módulo dinámico. El método es propuesto para mezclas de concreto asfáltico densamente gradadas que contengan agregados hasta de 25,0 mm de tamaño máximo (Instituto Nacional de Vías, 2007).

Los especímenes se prepararon por medio del compactador por amasado de California en dos etapas. Se colocó el molde de compactación en su posición y se insertó un disco de papel del diámetro que se requería para realizar la prueba, en este caso 100 mm. Se pesó la mitad de la mezcla asfáltica requerida para un espécimen a la temperatura especificada en la norma INV E 748 y se colocó en el canal alimentador precalentado a la misma temperatura, igual que el compactador. Se colocaron 30 porciones iguales de la mezcla continuamente dentro del molde mientras se aplicaban 30 golpes de presión de 1,7 MPa. Se colocó inmediatamente la mitad restante de la mezcla repitiendo el procedimiento. A continuación, se aplicó una carga estática a la muestra con la máquina para ensayos de compresión. La carga se aplicó con el método de doble émbolo, es decir, en la parte superior e inferior del espécimen, a una velocidad de 1,27 mm/min hasta que se alcanzó una presión aplicada de 6,9 MPa (se quitó inmediatamente se alcanzó). Se remueve el molde después de que se haya enfriado el espécimen de manera que no se deforme. Se deja enfriar a temperatura ambiente.

Para proceder, se colocaron los especímenes de ensayo en la cámara de temperatura para llevarlos al valor especificado. Se cargó y conectó con los alambres para medir la deformación, con una carga sinusoidal sin impacto. La carga varía entre 0 y 241 kPa para cada aplicación de carga, durante un mínimo de 30 segundos, a temperaturas de 5 ,25 y 40° C y con frecuencias de carga de 1, 4, 10 y 16 Hz para cada una de estas temperaturas.

Para especímenes de núcleos de pavimento, se ensayan seis muestras una sola vez para cada condición de temperatura y de frecuencia. En cambio, para especímenes moldeados en laboratorio, que es el caso de este trabajo de grado, se ensayaron tres especímenes de ensayo dos veces para cada condición de temperatura y frecuencia tal como se indica en la norma INV E 748. Se calcularon, entonces, primero el esfuerzo de la carga, luego se encontró la recuperación de la deformación axial y el valor absoluto de la razón de ellos fue el módulo dinámico obtenido.

2.3.5 Leyes de fatiga

Debido a las condiciones de elaboración de este ensayo y a que Latinco S. A. no cuenta con la disponibilidad del equipo, este procedimiento se llevó a cabo con un laboratorio externo, JDM Laboratorio S.A.S. Para efectuar este ensayo se debieron fabricar especímenes de 380 mm de longitud, 36 mm de base y 6 mm de altura con una precisión de 0,1 mm.

Para proceder, se le colocó al espécimen el sistema de medición de deformaciones conectado a éste por medio de un tornillo, que penetra la tuerca previamente colocada en el centro. Se llevó la lectura a cero. Como se hizo por esfuerzos controlados, se establecieron las condiciones iniciales de ensayo, con valores de esfuerzo entre 100 y 400 kPa y una frecuencia y temperatura constantes de 2,5 Hz y 20° C, respectivamente. Se dio inicio al ensayo activando, a la vez, los componentes de medidas y control para que los resultados pudiesen ser monitoreados y grabados. El punto de falla se alcanzaba con la destrucción de la muestra, es decir, cuando esta no pudiera continuar soportando el esfuerzo que venía aguantando.

Cada muestra se cargó con el esfuerzo definido inicialmente, para así obtener los números de ciclos de falla mediante la lectura de la deformación alcanzada al momento de la falla. Con los valores de deformaciones y del número de ciclos, se construyó la gráfica que al obtener la línea de tendencia, con correlaciones mayores a 0,9, permitió establecer la ecuación de la ley de fatiga que caracteriza cada una de las mezclas

Las deformaciones admisibles se calcularon a partir de la ley de fatiga encontrada por el laboratorio con el número de ciclos a la falla, correspondiente al número de ejes equivalentes de la vía en cuestión, según la ecuación.25

$$\varepsilon_{adm} = k^{1/n} \times N_{Laboratorio}^{1/n} \qquad 25$$

La concesionaria Autopistas del Café tiene calculado un número de ejes equivalentes en 10 años de 2.800.000, el cual se convirtió mediante la ecuación 3 en la página 26 a 280.000 ciclos de falla en laboratorio.

Estos valores admisibles fueron comparados con la deformación a tracción real, hallada mediante el programa de Diseño Estructural de Pavimentos (DEPAV), desarrollado el Instituto de vías de la Universidad del Cauca, (Murgueitio V., Benavides, & Solano F.,

1994), como una adaptación del programa francés Alizé III, que calcula los esfuerzos y las deformaciones máximas que una rueda doble colocada en la superficie produce en los niveles de interface de un sistema elástico multicapa. Para obtener la deformación real se ingresó el espesor, módulo de elasticidad y relación de Poisson de cada una de las cuatro capas, según Tabla 4 y los

Anexo 1 y Anexo 2.

2.3.6 Deflexiones

El ensayo de la viga Benkelman de doble brazo (ver esquema en la Figura 8) exigía que la temperatura para el ensayo no fuese superior a los 35° C. Por esto, para cada abscisa, se debía tomar, además de la lectura de los dos diales (uno para cada brazo), la temperatura del pavimento.

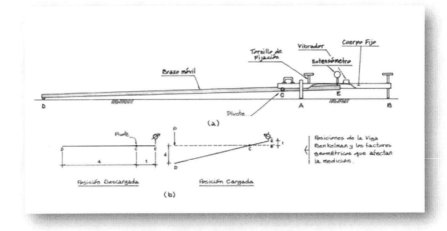

Fuente: http://www.camineros.com/docs/cam039.pdf

Figura 8   Esquema de la viga Benkelman

Según el artículo INV-E-795-97, como este trabajo de grado correspondía a ensayos a nivel de proyecto detallado, se hicieron las mediciones cada 50 m acumulando un total de 500 m, por cada mezcla, del carril derecho que es el más cargado. Para obtener los datos, se ubicó el camión, previamente cargado para que garantizara 8,2 T en el eje trasero simple, en el punto marcado según la abscisa. Luego, se ubicaba la viga, como se puede apreciar en la Figura 9 de tal forma que el brazo principal estuviese en el centro de aplicación de la carga (centro del eje). Finalmente, se hacía movilizar el camión más o menos 8 m para garantizar la obtención de un dato fiable. En este caso el segundo brazo tomaba la lectura a 25 cm de separación del punto de aplicación de la carga (leído por el brazo principal).

Fuente: propia

Figura 9   Viga Benkelman instalada para el ensayo.

Las deflexiones fueron leídas en pulgadas y convertidas a milímetros. Además se les aplica un factor de cuatro que corresponde a la relación de la distancia desde el pivote hasta el punto de apoyo del vástago del deformímetro (Instituto Nacional de Vías, 2007).

3 RESULTADOS DE ENSAYOS Y PROCEDIMIENTOS DE CÁLCULO

A continuación se presentan los resultados obtenidos mediante la realización, o en algunos casos simplemente la verificación, de los valores encontrados para las propiedades descritas y sus métodos correspondientes depositados en la sección 2.

3.1 MATERIAL PÉTREO

3.1.1 Granulometría

Los materiales con los cuales se trabajó son explotados del río La Vieja, con la trituradora que le pertenece a Latinco S. A. Cumpliendo con la norma del INVIAS (I.N.V.E-213-07) se obtuvieron los siguientes resultados de gradación de los materiales necesarios para la producción de la mezcla asfáltica: grava triturada de tamaño máximo ¾ (Figura 10), arena de trituración (Figura 11), arena natural (Figura 12) y arena caliza como llenante (Figura 13).

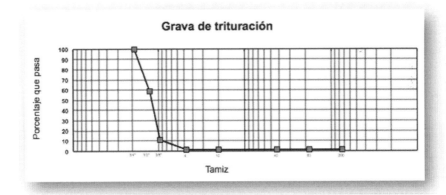

Fuente: propia

Figura 10 Distribución granulométrica de la grava triturada.

Fuente: propia

Figura 11 Distribución granulométrica de la arena de trituración.

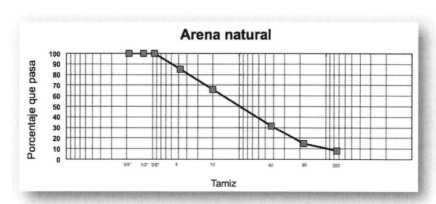

Fuente: propia

Figura 12 Distribución granulométrica de la arena natural.

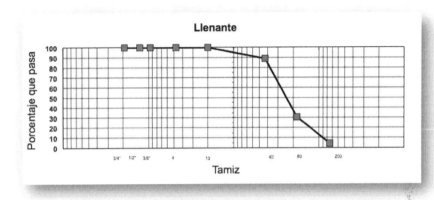

Fuente: propia

Figura 13 Distribución granulométrica de la arena natural de llenante.

Para ver las gradaciones en detalle consultar los Anexo 3, Anexo 5 y Anexo 6, respectivamente.

3.1.2 Dureza

Los resultados de las 4 mezclas ensayadas (dos en seco y dos saturadas por 24 horas) fueron los siguientes:

$$\% \, de \, desgaste \, (en \, seco, 1) = \frac{790 \, g}{5000 \, g} = 15{,}8\%$$

$$\% \, de \, desgaste \, (en \, seco, 2) = \frac{780 \, g}{5000 \, g} = 15{,}6\%$$

$$\% \, de \, desgaste \, (saturado \, 24h, 1) = \frac{813 \, g}{5000 \, g} = 16{,}3\%$$

$$\% \, de \, desgaste \, (saturado \, 24h, 2) = \frac{805 \, g}{5000 \, g} = 16{,}1$$

Ver detalle de cálculo en Anexo 7.

3.1.3 Durabilidad

Los resultados del porcentaje de pérdida para el agregado grueso y el agregado fino para cada solución fueron los siguientes:

$$\% \text{ de pérdida de agregado grueso en } Na_2SO_4 = 3,6\%$$

$$\% \text{ de pérdida de agregado fino en } Na_2SO_4 = 2,7\%$$

$$\% \text{ de pérdida de agregado grueso en } MgSO_4 = 5,1\%$$

$$\% \text{ de pérdida de agregado fino en } MgSO_4 = 3,3\%$$

Ver detalle de cálculo en Anexo 8 y Anexo 9

3.1.4 Plasticidad

El material con el que se trabajó clasificó como NP (No plástico), ya que mediante el procedimiento descrito en la norma INV E-126-07 no fue posible ejecutar el ensayo para el límite plástico. Cuando no se pueden establecer el valor de los límites, y en consecuencia el de plasticidad, la norma define estos materiales como no plásticos.

3.1.5 Equivalente de arena

Los resultados para las tres probetas fueron los siguientes:

$$EA_{probeta\ 1} = 66\%$$

$$EA_{probeta\ 2} = 65\%$$

$$EA_{probeta\ 3} = 65\%$$

$$EA_{promedio} = 65\%$$

Ver detalle de cálculo en Anexo 10

3.1.6 Limpieza superficial en los agregados gruesos

Para este ensayo se realizaron dos pruebas. Los resultados arrojados se muestran en la Tabla 5.

Tabla 5   Resultados ensayos para coeficiente de limpieza superficial.

		Probeta 1	Probeta 2
Índice de Sequedad	w	0,9709	0,9834
Masa seca (g)	M_{se}	3170	3201,00
Impurezas (g)	Imp	10,00	15,00
Coeficiente de limpieza superficial	Cls	0,32	0,47

El coeficiente de limpieza superficial (Cls) promedio es de 0,39%.

Ver detalle de cálculo en Anexo 11

3.1.7 Geometría de las partículas

❖ **Caras fracturadas**

El porcentaje de partículas con una cara fracturada fue de 95,9% y con dos caras fracturadas fue de 88,3%. Ver detalle de cálculo en

Anexo 12 y Anexo 13.

❖ **Índice de forma**

Para el ensayo se utilizó una muestra de 1971 g (M_2). De la muestra con la que se trabajó resultaron 95,5 g (M_1) cumpliendo con el criterio de alargamiento y aplanamiento para obtener un índice de aplanamiento y alargamiento (I_A) de 4,8%. Ver detalle de cálculo en Anexo 15

3.1.8 Contenido de vacíos en agregados finos

Con base en la gravedad específica del agregado fino, ya conocida de 2,768 g/cm³, mediante el procedimiento descrito la página 37, se obtuvo una angulosidad promedio de 54,4%.

$$Masa\ del\ material\ fino, prueba\ 1 = 150\ g$$

$$Masa\ del\ material\ fino, prueba\ 2 = 151,3\ g$$

Con el molde usado, que tiene un volumen de 100 cm³, se obtiene que:

$$Vacíos\ del\ agregado\ fino, prueba\ 1 = 54{,}2\%$$

$$Vacíos\ del\ agregado\ fino, prueba\ 2 = 54{,}7\%$$

El resultado correspondió simplemente al promedio de la prueba uno y la dos.

Ver detalle de cálculo en Anexo 14.

3.1.9 Gravedad específica

❖ **Llenante**

El valor promedio que se obtuvo como resultado de las dos repeticiones mostradas en la Tabla 6 fue de 2,653 g/cm³.

Tabla 6   Resultados ensayos para gravedad específica del llenante.

Prueba	1	2
T (° C)	25	25
Wa (g)	677,8	679,8
Wb (g)	740	742,2
Ws (g)	100,0	100,0
Gs (g/cm³)	2,646	2,660
K	1,0000	1,0000
Gs aparente (g/cm³)	2,646	2,660

Fuente: propia

Ver detalle de cálculo en Anexo 16

❖ **Agregado gruesos**

Mediante la metodología descrita en la página 36 se encontraron los distintos valores para la masa seca, saturada superficialmente seca y sumergida en el agua que permiten obtener las gravedades específicas bulk (Gsb), bulk saturada superficialmente seca (GEBE$_{ss}$) y aparente (Gsa). El promedio de las tres repeticiones del ensayo a temperatura controlada de 20° C que se realizaron fue el siguiente:

$$Gsb = 2{,}864 \qquad Gsa = 2{,}916 \qquad Gsb_{sss} = 2{,}882$$

Ver detalle de cálculo en Anexo 18.

❖ **Agregado fino**

Se obtuvieron los valores siguientes:

$$Gsb = 2,768 \qquad Gsa = 2,874 \qquad Gsb_{sss} = 2,805$$

Ver detalle de cálculo en Anexo 17.

3.2 ASFALTO

3.2.1 Asfalto convencional

❖ **Penetración**

El valor promedio que se obtuvo con las tres repeticiones que se llevaron a cabo, cuyos resultados se encuentran en la Tabla 7 fue de 66,7/10 m. En la Figura 14 se observa el momento previo al ensayo.

Fuente: propia

Figura 14 Momento inicial para la prueba de penetración.

Tabla 7. Resultados ensayos penetración asfalto convencional.

	1	2	3
Temperatura asfalto (° C)	25	25	25
Peso muestra (8 g)	100	100	100
Penetración (1/10 mm)	67	67	66
Promedio		66,7	

Fuente: propia

❖ **Ductilidad**

El resultado de ductilidad fue de 140 cm. En la Tabla 8 se muestran las tres repeticiones llevadas a cabo y sus resultados.

Tabla 8 Resultados ensayos ductilidad asfalto convencional.

	1	2	3
Temperatura asfalto (° C)	25	25	25
Ductilidad (cm)	140	140	140
Promedio		140,0	

Fuente: propia

❖ **Curva reológica**

Con base en el certificado de calidad entregado por Ecopetrol, se leyeron los valores correspondientes a las temperaturas de mezclado y de compactación indicados en la curva reológica del Anexo 28 con su ficha técnica correspondiente en el Anexo 27. Para el asfalto 60/70 se recomienda una temperatura de mezclado, es decir, temperatura a la cual debe estar el asfalto en el momento de mezclarlo con los agregados, entre 144° C y 152º C. La temperatura de compactación indicada puede variar entre 134 y 138º C.

3.2.2 Asfalto modificado

❖ **Penetración**

Igual que al asfalto convencional (numeral 3.2.1), el ligante modificado debe cumplir con las tres repeticiones en el ensayo mostradas en detalle en la Tabla 9 para dar como resultado un valor promedio de 65,3/10 mm.

Tabla 9 Resultados penetración asfalto modificado.

	1	2	3
Temperatura asfalto (° C)	25	25	25
Peso muestra (8g)	100	100	100
Penetración (1/10 mm)	63	66	67
Promedio		65,3	

Fuente: propia

❖ **Ductilidad**

La forma de realizar el ensayo se ilustra en la Figura 15. El promedio de estos tres arroja un resultado de 41 cm en promedio.

Fuente: propia

Figura 15 Desarrollo ensayo ductilidad mezcla modificada.

Tabla 10 Resultados de la ductilidad del asfalto modificado para tres repeticiones.

Prueba No.	1	2	3
Temperatura asfalto (° C)	25	25	25
Ductilidad (cm)	43	39	41
Promedio		41,0	

Fuente: propia

Las propiedades de penetración y ductilidad, tanto del convencional como del modificado, medidas y evaluadas en laboratorio, se complementan, con los certificados o fichas técnicas de cada uno de los asfaltos. En la Tabla 11 se encuentran recopiladas, a través de la cual se puede verificar su cumplimiento.

❖ Curva reológica

En el Anexo 29 se presenta el certificado del Cariphalte PM- Tipo III, es decir, el asfalto modificado con EBE. Para este cemento asfáltico se tienen temperaturas de mezclado y compactación de magnitudes entre 158 y 164º C, y entre 145 y 148º C, respectivamente (ver curva reológica en Anexo 30).

Tabla 11 Características del asfalto convencional utilizado junto con su verificación según la norma I.N.V.E-400-07.

Propiedad	Unidades	Convencional			Modificado		
		Norma		Resultado	Norma		Resultado
		Mínimo	Máximo		Mínimo	Máximo	
Penetración	0,1 mm	60	70	68	55	70	63
Índice de penetración	-	-1	1	-1			
Viscosidad absoluta a 60° C	cP	150.000	-	192.000			
Viscosidad absoluta a 135º C	cP						91,2
Ductilidad	cm	100	-	140	15	-	
Solubilidad en tricloroetileno	%	99	-	100			
Contenido de agua	%				-	0	0
Punto de ignición	°C	230	-	320	230	-	306
Punto de ablandamiento	°C	45	55	47	65	-	83
Pérdida de masa por calentamiento en película delgada en movimiento	%				-	1	0
Penetración del residuo luego de la pérdida por calentamiento	%				65	-	66
Recuperación elástica por torsión	%				70	-	78
Estabilidad al almacenamiento	°C				-	5	3

Fuente: propia.

3.3 DISEÑO DE MEZCLAS

3.3.1 Dosificación

La dosificación que se obtuvo con los materiales de la planta del río La Vieja es la que está descrita en la Tabla 12:

Tabla 12 Dosificación para ambas mezclas.

Triturados de tamaño máximo 3/4	Arena de trituración	Arena natural	Llenante
31.0%	52.0%	12.0%	5.0%

Fuente: propia

Figura 16La curva granulométrica resultante se muestra en la Figura 16. Se evidencia que la granulometría de la mezcla (curva azul) está dentro de la variación permitida o la franja limitante por la norma (curva negra). Además se detallan las holguras admisibles (curva punteadas).

Fuente: propia

Figura 16 Gradación resultante.

3.3.2 Marshall

❖ **Convencional**

El óptimo de asfalto que se obtuvo fue de 5,1%. Las gráficas utilizadas para obtener este óptimo de asfalto son las siguientes: P. E. Bulk (Figura 17) con un valor de 5,15%, % de vacíos con aire (

Figura 18) con un valor de 4.9% y estabilidad (Figura 19) con un valor de 5,1%. El porcentaje óptimo de asfalto es el valor promedio de cada uno de los valores que arrojaron las tres gráficas anteriormente mencionadas.

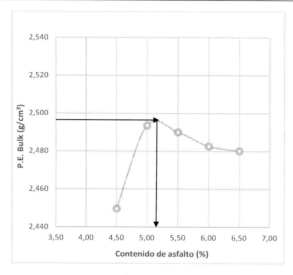

Fuente: propia

Figura 17 P. E. Bulk contra contenido de asfalto.

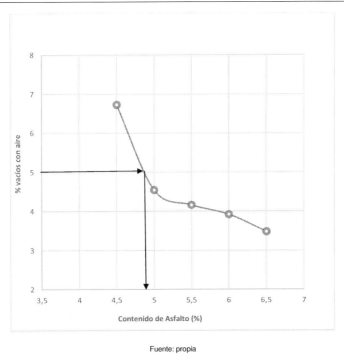

Fuente: propia

Figura 18 Porcentaje de vacíos con aire contra contenido de asfalto.

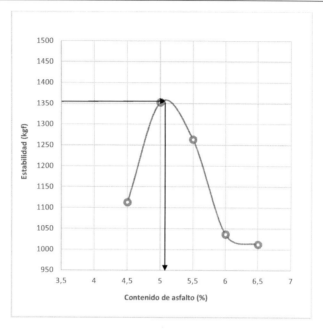

Fuente: propia

Figura 19 Estabilidad contra contenido de asfalto.

Y de acuerdo al porcentaje óptimo de asfalto, se determinó lo siguiente: vacíos en agregados minerales (

Figura 20) con un valor de 15,5%, vacíos llenos de asfalto (Figura 21) con un valor de 72% y flujo (Figura 22) con un valor de 0,031 cm.

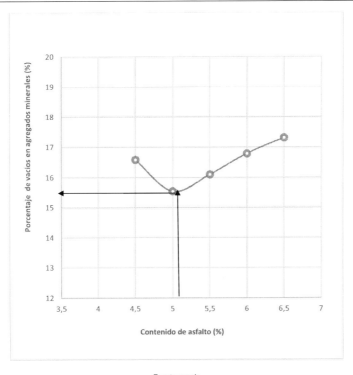

Fuente: propia

Figura 20 Porcentaje de vacíos en agregados minerales contra contenido de asfalto.

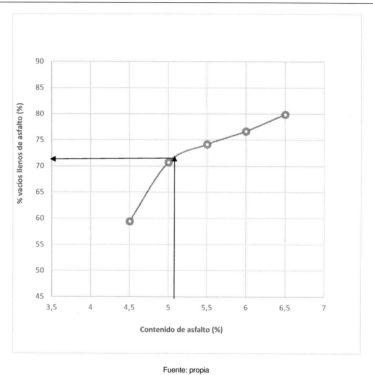

Fuente: propia

Figura 21 Porcentaje de vacíos llenos de asfalto contra contenido de asfalto.

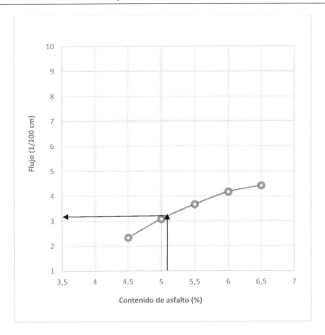

Fuente: propia

Figura 22 Flujo contra contenido de asfalto.

Ver detalle de cálculo en Anexo 19 y Anexo 20.

❖ **Modificado**

El óptimo de asfalto que se obtuvo fue de 5,08%. Las gráficas que se obtuvieron para obtener este óptimo de asfalto son las siguientes: P. E. Bulk (Figura 23) con un valor de 5,1%, % de vacíos con aire (Figura 24) con un valor de 5,0% y estabilidad (Figura 25) con un valor de 5,2%. El porcentaje óptimo de asfalto es el valor promedio de cada uno de los valores que arrojaron las tres gráficas anteriormente mencionadas.

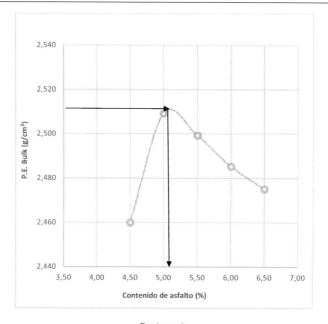

Fuente: propia

Figura 23 P. E. Bulk contra contenido de asfalto modificado.

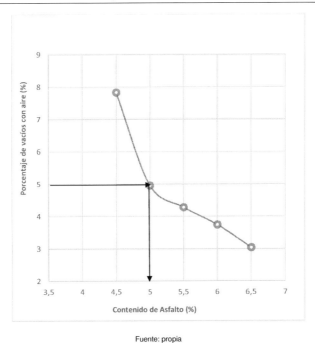

Fuente: propia

Figura 24 Porcentaje de vacíos con aire contra contenido de asfalto modificado.

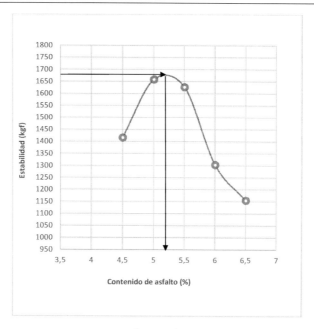

Fuente: propia

Figura 25 Estabilidad contra contenido de asfalto modificado.

Y de acuerdo al porcentaje óptimo de asfalto, se determinó lo siguiente: vacíos en agregados minerales (Figura 26) con un valor de 15%, vacíos llenos de asfalto (Figura 27) con un valor de 65% y flujo (Figura 28) con un valor de 0,033 cm .

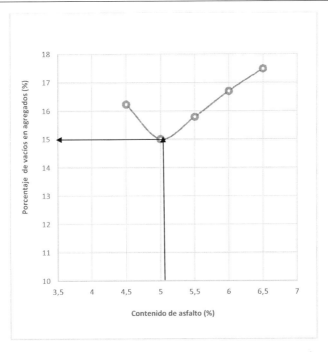

Fuente: propia

Figura 26 Porcentaje de vacíos en agregados minerales contra contenido de asfalto modificado.

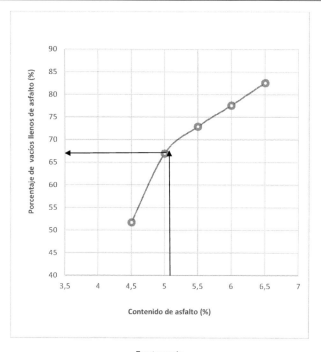

Fuente: propia

Figura 27 Porcentaje de vacíos llenos de asfalto contra contenido de asfalto modificado.

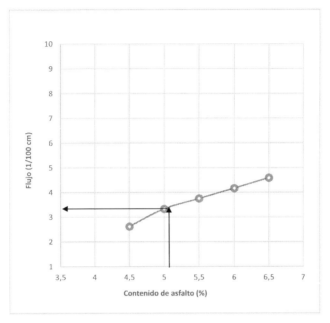

Fuente: propia

Figura 28 Flujo contra contenido de asfalto modificado.

Ver detalle de cálculo en Anexo 22 y Anexo 23.

3.3.3 Prueba de tracción indirecta

El resultado del ensayo a tracción indirecta fue de 91% para la mezcla modificada, algo mayor que la convencional, cuyo resultado fue de 85%.

Ver detalle de cálculo en Anexo 21 y Anexo 24

3.3.4 Fórmula de trabajo

A continuación se presentan las fórmulas de trabajo para ambas mezclas, la convencional (Tabla 13) y la modificada (Tabla 14):

Tabla 13 Fórmula de trabajo mezcla convencional.

Óptimo de asfalto	Triturado de tamaño máximo 3/4	Arena de trituración	Arena natural	Llenante
5,10%	31,00%	52,00%	12,00%	5,00%

Fuente: propia

Tabla 14 Fórmula de trabajo mezcla modificada.

Óptimo de asfalto	Triturado de tamaño máximo 3/4	Arena de trituración	Arena natural	Llenante
5,08%	31,00%	52,00%	12,00%	5,00%

Fuente: propia

3.3.5 Concentración crítica del llenante

Se obtuvo una concentración real del llenante de 0,28 g/cm3 contra una concentración crítica de 0,31 g/cm3. Se recuerda que por la semejanza en el contenido de asfalto y el uso de los mismos materiales, estos valores son muy similares para ambas mezclas.

Los procedimientos de cálculo se detallan en los anexos Anexo 25 y Anexo 26.

3.4 COMPORTAMIENTO DE LA ESTRUCTURA DE PAVIMENTO

3.4.1 Inventario patologías

En la Tabla 15 se observan los daños en detalle. El carril derecho es el de la carga pesada ya que es por este carril por donde transitan los vehículos que transportan la carga del puerto de Buenaventura hacia el interior del país, y presente un deterioro un poco mayor con respecto al otro carril. En las Figura 29 y Figura 30 se exponen algunas de las patologías más representativas.

Tabla 15   Inventario de patologías de la vía sobre la capa de rodadura a remover.

	Abscisa	Dirección La Paila-Club Campestre		
		Carril derecho	Línea central	Carril Izquierdo
km0+000- Km 0+100	0+000-0+004			grieta longitudinal
	0+006-0+016			desgaste
	0+008-0+012	grietas transversales		
	0+030-0+031			bache
	0+050-0+082	piel de cocodrilo		
	0+060-0+062		afloramiento del ligante	
km0+100-km 0+200	0+120-0+130	grietas transversales		
	0+125-0+125,6			ojo de pescado
	0+133-0+136,5	grieta longitudinal		
	0+154-0+158			grieta longitudinal
	0+171-0+179		piel de cocodrilo	piel de cocodrilo
	0+176-0+192	piel de cocodrilo		
	0+181-0+181,7			ojo de pescado
	0+192-0+196	grieta transversal		
km0+200-km 0+300	0+218-0+218,2			ojo de pescado
	0+22-0+22,5			ojo de pescado
	0+235-0+238			grieta longitudinal
	0+274-0+277	grieta transversal		
km0+300-km 0+400	0+305-0+305,2	ojo de pescado		
	0+307-0+307,5			ojo de pescado
	0+311-0+314	grietas por reflexión		
	0+354-0+384			grieta transversal

Giraldo R., Daniel Alberto; Pérez R., Alejandra; octubre de 2013

EIA
Análisis comparativo de dos tramos viales en pavimento
flexible, uno con mezcla convencional y otro con adición de EBE 76

		Dirección La Paila-Club Campestre		
	Abscisa	Carril derecho	Línea central	Carril Izquierdo
km0+400-km 0+500	0+405-0+435			fisuras en bloque
	0+456-0+461	fisura en diagonal		
	0+467-0+477		afloramiento del ligante	
	0+467	grietas transversales		
km 0+500-km 0+600	0+515-0+522	grieta transversal		
	0+556-0+559		afloramiento del ligante	
	0+556-0+558			fisuras en bloque
km 0+600-km 0+700	0+615-0+615,6			ojo de pescado
	0+649-0+670	fisura longitudinal		
	0+679-0+728	grieta transversal		
km0+700-km 0+800	0+737-0+738		piel de cocodrilo	piel de cocodrilo
	0+738-0+738,4			ojo de pescado
	0+742-0+745	fisura longitudinal		
	0+737-0+761	grieta transversal		
	0+761-0+767		afloramiento del ligante	
km0+800-km 0+900	0+804-0+812			fisura longitudinal
	0+813-0+817			fisura longitudinal
	0+845-0+849			piel de cocodrilo
	0+877-0+913	piel de cocodrilo		
km 0+900-km 1+000	0+961-0+973	grieta longitudinal		
	0+961-0+966		abultamiento	
	0+986+1+000			grieta diagonal

Giraldo R., Daniel Alberto; Pérez R., Alejandra; octubre de 2013

Fuente: propia

Figura 29 . Patología en la vía.

Fuente: propia

Figura 30 Patología en la vía.

3.4.2 Extracción de núcleos y elaboración de apiques

La extracción de núcleos permitió verificar los espesores de la capa asfáltica que estaba en los tramos donde se colocaron las nuevas mezclas, tanto convencional como modificada. Se obtuvo un espesor constante para todo el tramo de 8 cm.

Adicionalmente, Latinco S.A. realizó dos apiques. La información suministrada se encuentra en la Tabla 4, página 43. La igualdad de los valores, en los dos tramos, rectifica que los dos tramos son comparables, es por esto que están en igualdad de condiciones.

3.4.3 Estructura del pavimento

Teniendo en la cuenta lo encontrado en el numeral anterior y el análisis de la sección 2.3.3, los perfiles de las nuevas estructuras quedaron como se muestra en la Tabla 16 y la Tabla 17.

Tabla 16. Perfil de la estructura mezcla convencional.

0 cm	Carpeta asfáltica convencional
12 cm	$E=55.959$ kgf/cm^2, $\mu=0,35$
	Base granular
62 cm	$E=2.100$ kgf/cm^2, $\mu=0,40$
	Subbase granular
102 cm	$E=1.400$ kgf/cm^2, $\mu=0,40$
	Terraplén
1302 cm	$E=1.000$ kgf/cm^2, $\mu=0,45$
	Suelo de fundación
	$E=900$ kgf/cm^2, $\mu=0,50$

Fuente: Latinco S.A.

Tabla 17. Perfil de la estructura mezcla modificada.

0 cm	Carpeta asfáltica modificada
10 cm	$E=36.338$ kgf/cm^2, $\mu=0,35$
	Base granular
60 cm	$E=2.100$ kgf/cm^2, $\mu=0,40$
	Subbase granular
100 cm	$E=1.400$ kgf/cm^2, $\mu=0,40$
	Terraplén
1300 cm	$E=1.000$ kgf/cm^2, $\mu=0,45$
	Suelo de fundación
	$E=900$ kgf/cm^2, $\mu=0,50$

Fuente: Latinco S.A.

3.4.4 Módulos dinámicos

Los ensayos de laboratorio correspondientes al módulo dinámico fueron llevados a cabo en la universidad de Los Andes con especímenes de 10,2 cm de diámetro y 20,3 cm de altura.

Cada una de las gráficas obtenidas muestra el comportamiento del módulo según la variación de la frecuencia para tres temperaturas distintas. La Figura 31 es para la mezcla convencional y la Figura 32 corresponde a la modificada, y en ellas se muestra cómo se deformó el espécimen de acuerdo a una carga con cierta intensidad bajo 5 °C (curva azul), 25 °C (curva roja) y 40 °C (curva verde).

❖ **Convencional**

Los resultados se muestran en la Tabla 18 y en la Figura 31.

Tabla 18 Resultados de módulos para la mezcla convencional.

Temperatura (° C)	Frecuencia (Hz)	Módulo dinámico promedio (kgf/cm²)
5	1	114.653
5	4	136.456
5	10	152.740
5	16	169.727
25	1	28.427
25	4	38.477
25	10	55.959
25	16	59.570
40	1	8.744
40	4	12.359
40	10	16.934
40	16	20.001

Fuente: propia

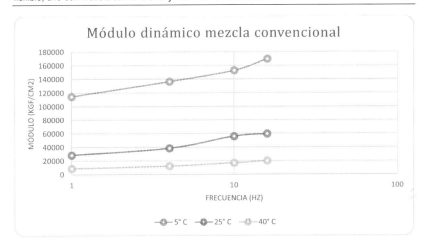

Fuente: propia

Figura 31 Módulo mezcla convencional contra frecuencia.

Los resultados entregados por el laboratorio de la universidad de los Andes se pueden observar en el Anexo 31 con su gráfica en el Anexo 32.

❖ **Modificada**

Los resultados están consignados en la Tabla 19 y en la Figura 32.

Tabla 19 Resultados de módulos para la mezcla modificada.

Temperatura (° C)	Frecuencia (Hz)	Módulo dinámico promedio (kgf/cm2)
5	1	86740
5	4	108770
5	10	122517
5	16	127803
25	1	17999
25	4	26867
25	10	36388
25	16	39123
40	1	9442
40	4	12472
40	10	16155
40	16	18067

Fuente: propia

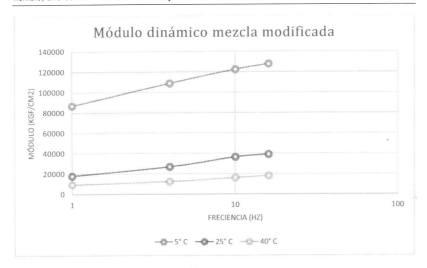

Fuente: propia

Figura 32 Módulo mezcla modificada contra frecuencia.

Los resultados entregados por el laboratorio de la universidad de los Andes se pueden observar en el Anexo 33 con su gráfica Anexo 34

3.4.5 Leyes de fatiga

Los resultados de las leyes de fatiga están consignadas en la

Tabla 20 Leyes de fatiga.

Mezcla convencional	Mezcla modificada
$\varepsilon = 0,0211 * Nf^{-0.385}$	$\varepsilon = 0,0241 * Nf^{-0.409}$

Fuente: propia

Las deformaciones admisibles encontradas para ambas mezclas fueron las calculadas con las ecuaciones consignadas en la Tabla 20 para un número de ciclos de falla reportado en el numeral 2.3.5. La deformación admisible a tracción para la mezcla convencional fue de 1,69E-04 y para la mezcla modificada de 1,43E-04.

Por otro lado, el programa DEPAV arrojó las deformaciones reales a tracción para la mezcla convencional de 1,63E-04 y para la modificada de 2,42E-04.

Los resultados entregados por el laboratorio JDM se pueden observar en el Anexo 35 para la convencional y para la modificada en el Anexo 36.

3.4.6 Deflexiones

En los resultados entregados por el laboratorio Leciv Ltda. se puede der el detalle de la lectura del valor de la deflexión en la superficie para cada abscisa con ambos brazos, es decir, cada punto tiene asociadas una deflexión en el punto de aplicación de la carga (D_0) y una a 25 cm (D_{25}). También se muestra el tiempo de recuperación.

A continuación se presentan los valores promedio para cada tramo:

$$D_{0\,Convencional} = 0,046\ mm \qquad D_{25\,Convencional} = 0,026\ mm$$

$$D_{0\,Modificado} = 0,037\ mm \qquad D_{25\,Modificado} = 0,018\ mm$$

Los tiempos de recuperación fueron en promedio de 6,5 s para la mezcla convencional y 3,5 s para la modificada.

Los resultados entregados por la empresa LECIV Ltda. se pueden observar en el Anexo 37 para la convencional y para la modificada en el Anexo 38.

4 DISCUSIÓN DE RESULTADOS

4.1 MATERIAL PÉTREO

Se puede apreciar en la Figura 10 (página 49), casi el 90% de la grava que corresponde al triturado de tamaño máximo ¾" es mayor a 3/8", garantizando una buena proporción gruesa en la mezcla. Además, se evidencia el proceso de trituración, esto se debe a que la arena triturada (Figura 11, página 50) tiene una gradación más homogénea que la arena natural (Figura 12, página 50).

En los resultados de los ensayos de durabilidad para los agregaos gruesos y finos se puede evidenciar que si bien el Sulfato de Magnesio (límite de 18%) es más agresivo que el Sulfato de Sodio (límite 12%), el material pétreo satisface la norma I.N.V.E-220-07 para ambos casos evitando la desintegración de las partículas, tanto gruesas como finas, por los agentes externos. Los máximos desgastes de la mezcla en condiciones secas y de la mezcla en condiciones saturadas permiten corroborar que se tiene un agregado pétreo con buena resistencia a la abrasión, no sólo por los resultados en sí, sino también por su similitud, la cual evidencia que la resistencia del material no se ve disminuida por la presencia de agua.

Un equivalente de arena del 65% (páginas 31 y 52) garantiza que se está limitando la cantidad de finos arcillosos en el agregado utilizado, evitando así posibles fenómenos asociados a la interacción de las arcillas con el agua. En adición, el contenido de impurezas encontrado garantiza que la cantidad de finos adheridos al material no implique modificaciones en la composición mineralógica de la mezcla.

Respecto a la geometría de las partículas, con el resultado del porcentaje de caras fracturadas se confirmó que se tiene la configuración física deseada donde la predominación de aristas y de caras de mayor área garantizan, por un lado, la reducción de vacíos y, de otro lado, que los agregados se mezclen y se acomoden correctamente con el asfalto. Continuando con una evaluación de la forma de las partículas, 4,8% como índice de alargamiento y aplanamiento indica que la estructura de la mezcla asfáltica no va a estar predeterminada en su mayoría por partículas muy largas y planas, y por ende no va a correr el riesgo de tender a fracturarse por el efecto de los equipos de compactación.

Finalmente, en términos de la asociación entre los agregados y el cemento asfáltico se tuvieron resultados satisfactorios. Por un lado, el promedio de angulosidad (ver página 53), que fue de 54,4%, satisfizo los requerimientos de la norma INV E-239-07, garantizando así un mínimo de vacíos en los agregados finos con el objetivo de asegurar la vinculación del ligante a la mezcla. Por otro lado, se controló la absorción. Si bien en el agregado fino está propiedad, en magnitud, fue sensiblemente mayor a la del grueso, lo que es lógico por su naturaleza y su papel en la mezcla de agregados con asfalto, este rubro cumplió sin ningún problema con el tope máximo de 3%. Si los agregados de la mezcla hubieran presentado una absorción mayor a este límite, esto hubiese implicado un alto e innecesario consumo de asfalto.

En la Tabla 21 se recopilan los resultados de los ensayos que en los enunciados anteriores se describen.

Tabla 21   Tabla resumen materiales pétreos.

ENSAYO		RESULTADO	ESPECIFICACIÓN NORMA	CUMPLE
Desgaste en la máquina de los ángeles		15,9 %	Máximo 25 %	Sí
Solidez en Sulfato de Sodio	Agregado grueso	3,6 %	Máximo 12 %	Sí
	Agregado fino	2,7 %		Sí
Solidez en Sulfato de Magnesio	Agregado grueso	5,1 %	Máximo 18 %	Sí
	Agregado fino	3,3 %		Sí
Plasticidad	Agregado fino	NP	No aplica	-
Equivalente de Arena		65 %	Mínimo 50 %	Sí
Índice de limpieza superficial		0,39 %	Máximo 0,5 %	Sí
Índice de caras fracturadas en una cara	En una cara	95,9 %	Mínimo 85 %	Sí
	En dos caras	88,3 %	Mínimo 70 %	Sí
Partículas planas y alargadas		4,8 %	Máximo 10 %	Sí
Angulosidad del agregado fino		54,4 %	Mínimo 45 %	Sí

Fuente: propia

4.2 ASFALTO

Se garantizan asfaltos de buena consistencia con los resultados de los numerales π y π. Aunque el asfalto 60/70 suministrado por Ecopetrol cumplió con la penetración requerida (ver Tabla 11), es importante aclarar que puede darse el caso, de hecho ocurre frecuentemente, que el asfalto suministrado no cumpla con alguna de las características. En el caso puntual de este proyecto, la muestra suministrada registró un índice de penetración fuera de los rangos permitidos (ver registro en el Anexo 27), lo que indica que es un asfalto más viscoso de lo usual, rico en resinas y de susceptibilidad térmica alta (Instituto Nacional de Vías, 2007).

Comparando la ductilidad para el cemento asfáltico convencional, que especifica la norma INV E -702-07 con un mínimo de 100 cm, contra los resultados que se obtuvieron, se puede notar que se cumplió con un margen de 40 cm. La ductilidad está asociada a una medida de la tracción del asfalto en ciertas condiciones de velocidad y temperatura. La ductilidad del cemento asfáltico modificado, aunque cumple con el mínimo de 15 cm detallado en su certificado de calidad, de 41 cm, es un valor bajo con respecto a los resultados que normalmente se encuentra en la construcción de vías.

4.3 DISEÑO DE MEZCLAS

Tanto para la mezcla convencional como para la modificada se definió la misma dosificación (ver Tabla 12). Lo anterior justificado por diversas razones, a saber: la fuente de materiales fue exactamente la misma, para ambos casos se diseñó una capa de mezcla asfáltica MDC-2, es decir, la franja limitante de la norma era la misma, y, por último, que garantizando una dosificación idéntica, o al menos muy similar, se pudo apreciar mejor la influencia del tipo asfalto en el comportamiento de la mezcla. Esta dosificación cumple perfectamente con los límites de la norma. Para ver en detalle consultar la Figura 16 de la página 61.

Para hablar propiamente de la mezcla es importante comenzar por los resultados de la prueba de tracción indirecta. Que las mezclas hayan cumplido (ver resultados en el Anexo 22 y Anexo 27) respaldan la calidad de estas en cuanto a su reacción a los choques térmicos. Aunque ambas mezclas cumplen con la norma INV E- 725-07, el esfuerzo a tracción seco con respecto al húmedo varía muy poco en la mezcla modificada, es decir, la mezcla modificada en condiciones húmedas resiste el 91% de lo que resistiría ella misma en condiciones secas, en cambio, la mezcla convencional pierde el 15% de su resistencia cuando está en un ambiente húmeda. Todo esto se traduce en que el concreto asfáltico modificado se va a comportar mejor que el convencional ante cambios térmicos.

Con relación al óptimo de asfalto es indispensable desarrollar a fondo la vía por las que se llegó a los dos valores, que si bien son similares, los resultados obtenidos que los respaldan revelan diferencias bien importantes. En primer lugar, aunque el comportamiento del peso específico fue idéntico y ambas mezclas presentaron densidades aceptables, es decir, ambas son duras, sus estabilidades varían considerablemente. Se puede ver que la estabilidad de la mezcla modificada, de 1675 kg, está por encima de la convencional, de 1360 kg, lo que indica que el concreto asfáltico con EBE tiene una mejor resistencia a las deformaciones.

En segundo lugar, el aumento de esta resistencia en la mezcla modificada no genera que las deformaciones se bajen a tal punto que la mezcla resultante sea de una rigidez excesiva. Prueba de ello es la relación estabilidad/flujo, que siendo más alta para la modificada (ver Tabla 22) se encuentra dentro del rango permitido. Para una misma deformación, es decir valores de flujo similares, la mezcla modificada mostró, una vez más, que tiene una mayor resistencia a la deformación.

Adicionalmente, se aprecia que los demás resultados del ensayo Marshall respaldan el porcentaje óptimo de asfalto establecido. Por una parte, se observa que el peso específico aumentó proporcional al crecimiento del porcentaje de asfalto hasta cierto punto (máximo en la curva de la Figura 17 y la Figura 23), y que a partir del máximo tiende a bajar debido a que en este orden de magnitudes empieza a tomar importancia el asfalto y este tiene una menor densidad que los agregados. De otra parte, como el porcentaje de asfalto fue creciendo, los vacíos con aire se iban llenando. Es por esto que en la

Figura 18 (aplica para ambos asfaltos, ver también Figura 24) se evidencia un decremento en el porcentaje de vacíos con aire a partir del óptimo. Para un contenido de asfalto calculado similar, el porcentaje de vacíos con aire en la mezcla modificada es menor que en la convencional, muestra de una asociación más compacta entre el ligante y el granular.

El exceso de asfalto (porcentajes mayores a los óptimos) produce una falta de resistencia a la deformación, disminuyendo así su estabilidad. Y es evidente, con un contenido mayor de asfalto la mezcla resultante es más viscosa y más deformable (valor de flujo en aumento). Considerando más a fondo la viscosidad, pero del asfalto como tal, y de acuerdo al certificado de calidad del Anexo 29 , es claro que el asfalto con EBE es un material más viscoso, y por ende todas las temperaturas de manipulación fueron más altas.

La fórmula de trabajo de ambas mezclas es igual. Ésta reúne la dosificación, que es la misma en ambos casos y el Marshall, que establece el óptimo de asfalto, estableciendo el mismo porcentaje. Esto se debe a que los materiales son los mismos y que el asfalto, tiene la misma penetración, se trabaja igual.

En complemento, contenidos de asfalto similar también implican valores similares de una relación llenante-ligante, lo que sugiere que ambas mezclas requieren la misma cantidad de llenante, sea cemento, cal, arena caliza u otra opción.

Tabla 22   Comparación de las propiedades de ambas mezclas.

PROPIEDAD	RESULTADO		ESPECIFICACIÓN NORMA	CUMPLE
	MEZCLA CONVENCIONAL	MEZCLA MODIFICADA		
Contenido óptimo de Asfalto	5,05 %	5,08 %	No aplica	-
Peso Específico Bulk (g/cm^3)	2,496	2,511	No aplica	-
Vacíos con aire (%)	5,00 %	5,00 %	Entre 4 y 6 %	Sí
Vacíos en los agregados minerales (%)	15,5 %	15,0 %	Mínimo 15 %	Sí
Vacíos llenos de asfalto (%)	72,0 %	68,0 %	Entre 65 y 75 %	Sí
Estabilidad (kgf)	1360	1675	Mínimo 900 kgf	Sí
Flujo 1/100 cm	3,10	3,30	Entre 2,5 y 3,5 cm	Sí
Relación estabilidad/flujo	439	508	Entre 300 y 600	Sí
Relación llenante/ligante	1,14	1,13	Entre 0,8 y 1,2	Sí
Peso Específico máximo medido (RICE)	2,611	2,635	No aplica	-
Susceptibilidad de la mezcla a la humedad (TSR)	85 %	92 %	Mínimo 80 %	Sí

Fuente: propia

4.4   ANÁLISIS POST-CONSTRUCCIÓN DEL COMPORTAMIENTO DE LA ESTRUCTURA DE PAVIMENTO

Se puede observar en la Tabla 15 de la página 75 que las fallas más comunes en el tramo a intervenir fueron las siguientes: fisuras y grietas longitudinales, fisuras y grietas transversales, ojo de pescado y piel de cocodrilo. Estos daños son típicos de falla por fatiga y son más notorios en el carril derecho, sentido La Paila – Club Campestre.

Cuando se definió el tramo a intervenir, se buscó verificar las condiciones in situ. A partir de la Tabla 4 de la página 43, se pudieron conocer las propiedades de los materiales, de ambos tramos pilotos, sobre los cuales se soportan ambas mezclas. Esto permite generar una comparación más homogénea debido a que las mezclas se instalaron bajo idénticas condiciones.

El proceso de estudio y comparación se inició con los módulos dinámicos. Estos, más que un parámetro de rechazo o no rechazo, son una ayuda de diseño para poder verificar la capacidad portante de la estructura colocada. Según los resultados, ambas mezclas presentan un comportamiento generalizado en el cual, a temperatura constante, el módulo crece a medida que aumenta la frecuencia. También se da que un aumento en la temperatura implica una reducción del módulo, generándose un efecto inverso entre estas dos variables (ver Figura 33).

En general a altas temperaturas (del orden de 40° C), el comportamiento de los módulos dinámicos es similar en ambas mezclas, lo que no sucede a bajas temperaturas, en las cuales el concreto asfáltico convencional alcanza módulos del 20 al 25% más altos, fenómeno ilustrado en la Figura 33.

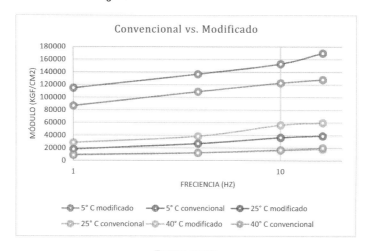

Fuente: propia

Figura 33 Comparación de los módulos dinámicos entre ambas mezclas.

En particular, en la mezcla modificada, para altas temperaturas y con un incremento de la frecuencia, la pendiente es menos pronunciada según se ilustra en la Figura 33 y se detalla en la Tabla 23.

Ambas mezclas a 5º C se rigidizaron mucho más rápido que aquellas a mayor temperatura. En particular, cuando se aumenta la intensidad de la carga para frecuencias de 10 Hz o más, los valores de los módulos de la mezcla convencional crecen a una tasa mayor de la que venían aumentando. Este aumento es muchísimo más notorio a temperaturas más bajas (ver Figura 31 y Figura 32).

Tabla 23   Variación de módulos entre 1 y 16 Hz para ambas mezclas.

Temperatura	ΔM (kgf/cm²) Mezcla convencional	ΔM (kgf/cm²) Mezcla modificada
5° C	55.074	41.063
25° C	31.143	21.124
40° C	11.257	8.625

Si se observa más en detalle el comportamiento de las mezclas a 10 Hz (Ver Figura 34), valor que hace referencia a la velocidad de diseño que es de 60 km/h, se puede evidenciar que la mezcla asfáltica convencional posee mayor susceptibilidad térmica que la que presenta la mezcla asfáltica modificada. Para un mismo rango de temperaturas y una misma frecuencia la mezcla convencional pierde más rigidez.

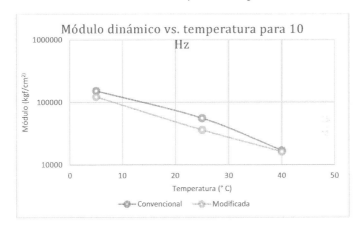

Fuente: propia

Figura 34 Comparación módulos dinámicos a 10 Hz.

Igualmente, se pueden establecer los módulos dinámicos del proyecto, considerando la velocidad diseño mencionada y su frecuencia referente, se encuentra que el módulo de la convencional es mayor que el de la modificada por una diferencia de 19.571 kgf/cm².

Por otro lado están las defelxiones en la vía producto de la circulación de los vehículos. Para este proyecto, las deflexiones tratadas fueron las generadas en el punto de aplicación de la carga (D_0) debido a que éstas son las que se ocasionan en la mezcla asfáltica y describen su comportamiento. En la Figura 35 se puede notar que el promedio de las deflexiones en la mezcla modificada (D_0 =0,037 mm) es inferior al de la mezcla convencional (D_0 =0,047 mm).

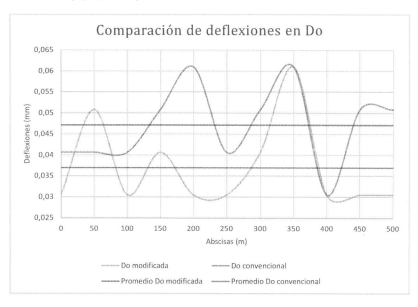

Fuente: propia

Figura 35 Deflexiones en Do.

Por último, al realizar un análisis comparativo entre las deformaciones admisibles a tracción y las reales, registrado en la Tabla 24, y se encontró que la deformación real a tracción encontrada en la mezcla modificada supera la deformación admisible. Por el contrario, la mezcla convencional presenta una deformación real a tracción que se encuentra en el rango admisible. En las Figura 36 y

Figura 37 se muestran los informes de resultados del programa.

Tabla 24   Deformaciones admisibles y reales.

	Mezcla convencional	Mezcla modificada
Deformación admisible a tracción	1,69E-04	1,43E-04
Deformación real a tracción	1,63E-04	2,42E-04

Fuente: propia

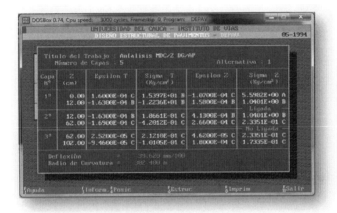

Fuente: DEPAV

Figura 36 Informe de resultados para la mezcla convencional.

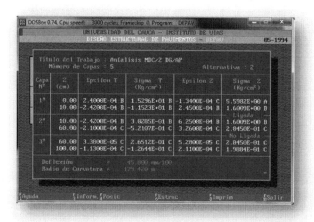

Fuente: DEPAV

Figura 37 Informe de resultados para la mezcla modificada.

Las pendientes de las leyes de fatiga, que son, como se puede observar en la Figura 38, 0,385 para la convencional y 0,409 para la modificada, están por encima de lo que usualmente se reporta en la ingeniería nacional que oscilan entre -0,25 y -0,20.

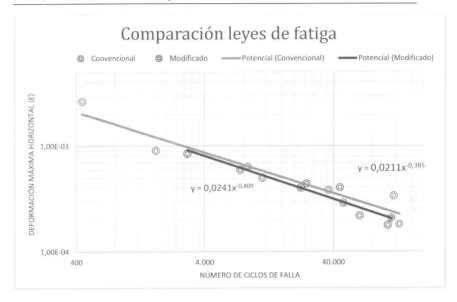

Fuente: propia

Figura 38 Comparación leyes de fatiga.

5 CONCLUSIONES Y CONSIDERACIONES FINALES

- La mezcla asfáltica modificada con EBE es la más densa de los dos concretos asfálticos comparados. Aunque la mezcla asfáltica modificada tenga un contenido de vacíos con aire mayor que el de la mezcla convencional, presenta menor contenido de vacíos en los agregados minerales, que en últimas significa que hay una mejor asociación con el material pétreo, es decir, mejor adherencia entre el asfalto modificado y los agregados. Esta mejora en la adherencia evidencia una mezcla modificada con EBE menos impermeabilidad y menos susceptible al envejecimiento por factores tales como la oxidación.

- La mezcla asfáltica modificada es de mejor dureza y tiene mayor capacidad de respuesta ante altas cargas. Mantiene la misma resistencia a la deformación (valores de flujo similares para ambos, ver Figura 22 y Figura 28) pero absorbe más carga lo que se traduce en una mezcla más eficiente por la relación estabilidad/flujo mayor. Con la estabilidad alta que presentó la mezcla modificada se esperaría que el flujo fuese mucho menor y la relación estabilidad-flujo se saliera del parámetro de la norma, que va de 300 a 600. Si bien la estabilidad es alta, el flujo de 3,2/100 cm es admisible lo que permite cumplir con la relación estabilidad-flujo exigida en la norma.

- Aunque no hay reducción con respecto al contenido del ligante en una mezcla modificada, tener un contenido de asfalto similar no implica comportamientos similares.

- La mezcla modificada, con asfalto tipo III, presenta mejor comportamiento ante la agresión de la intemperie y a los cambios de temperatura. Su resistencia se conserva mejor frente a cambios de condiciones secas a condiciones húmedas y presenta menor susceptibilidad térmica que la mezcla asfáltica convencional. Esta susceptibilidad mejorada se debe a que no pierde tanta rigidez al aumentar la temperatura como perdería la convencional.

- Cuando un tramo de carretera presenta patologías de tipo piel de cocodrilo, ojo de pescado y fisuras en bloque, longitudinales o transversales, da señal de una carpeta asfáltica que ya no es capaz de transmitir los esfuerzos producto de las cargas a las que se somete, es decir, presenta una falla por fatiga. Esta fue la razón por la que se escogió el tramo de prueba, y no por otro tipo de fallas que requerirían una lectura distinta como deformaciones plásticas o asentamientos geológicos.

- Una mezcla asfáltica modificada con EBE distribuye de mejor manera las cargas recibidas generando así que la deflexión en la capa de MDC-2 modificada sea menor. Las deflexiones en el punto de aplicación de la carga (D_0) en la capa de mezcla asfáltica modificada son 22 % menores que las que sufrió el pavimento convencional. No se podría afirmar lo anterior sin antes confirmar que, las deflexiones D_{25} obtenidas, fueron similares ya que esto corrobora que ambas estructuras de pavimento tienen en sus capas subyacentes materiales de las mismas características. La deflexión promedio de la mezcla modificada, $D_{25}=0,020$ mm, y el promedio de la mezcla convencional, $D_{25}=0,023$ mm, por su proximidad, dan fe de lo anteriormente mencionado.

- El índice de penetración del cemento asfáltico convencional suministrado por Ecopetrol, puede no tener coherencia con lo que especifica su ficha técnica, dejando a la luz la necesidad de estandarizar el asfalto a nivel nacional de tal forma que se garanticen sus propiedades más o menos homogéneas, cumpliendo siempre con la norma INVIAS.

- Los módulos dinámicos de las mezcla modificada son menores que los módulos de la mezcla convencional. Esto se evidencia beneficioso en condiciones críticas de carga. Si el tráfico está al límite para el cual estaba diseñada la mezcla convencional, ésta sufrirá un aumento del módulo debido al incremento de la frecuencia (generado por el aumento de las cargas) y presentará menos resistencia a la tracción generándose fisuras. Este comportamiento no se ha presentado, ni se espera que se dé, en la mezcla modificada puesto que sus módulos menores denotan un comportamiento más uniforme al tráfico.

- A bajas temperaturas las mezclas asfálticas son mucho más sensibles a cualquier variación en la intensidad de las cargas. Aumenta su módulo y en consecuencia, se rigidizan llevándola a resistir menores deformaciones a tracción. Esta baja resistencia genera fisuras en la parte inferior de la capa de mezcla asfáltica, porque es allí donde se generan los mayores esfuerzos de tracción producto de las cargas de los vehículos. Si estas fisuras siguen, el deterioro de la capa de la mezcla asfáltica será acelerado. El asfalto modificado es menos sensible ante este tipo de cambios por lo que su módulo, a bajas temperaturas, aumenta menos que el de la convencional. Entonces, se fisurará menos y tendrá mayor resistencia a la tracción.

- La pendiente menor de la ley de fatiga de la mezcla modificada (ver Figura 38 en la página 95) indica que ante el mismo incremento en el número de ciclos de carga, tiene una deformación admisible menor, indicando que debe tener mayores espesores de diseño.

- Latinco S. A. sin realizar ensayos de leyes y módulos, decidió disminuir el espesor de la mezcla modificada en consecuencia de que se esperaba que las características de ésta mezcla fueran mejores. Según las deformaciones admisibles calculadas y el análisis multicapa del DEPAV, se encontró que el espesor de mezcla asfáltica modificado instalado no satisface las deformaciones a tracción requeridas y presentará fallas por fatiga. Latinco se cuestionará respecto a estos resultados y pondrá en observación el tramo piloto.

- Teniendo en cuenta que la mezcla con asfalto modificado es la más densa de los dos concretos asfálticos comparados; es de mejor dureza; tiene mayor capacidad de respuesta ante altas cargas por el valor de estabilidad más alto; presenta mejor comportamiento ante la agresión de la intemperie y a los cambios de temperatura; distribuye de mejor manera las cargas recibidas generando así menor deflexión; presenta mayor resistencia a la tracción por sus módulos menores y es menos sensible al cambio en el módulo a bajas temperaturas, el período de vida útil de mezclas de este tipo deberá ser superior.

- Si bien es cierto todo lo anterior, también se encontró que la mezcla modificada, frente a la convencional, presenta deformaciones a tracción más altas ante un mismo incremento en el número de ciclos de carga, y que el espesor instalado de la mezcla asfáltica modificada, no satisface las deformaciones a tracción requeridas. Esta divergencia que se presenta entre las bondades y las desventajas mencionadas, demuestran que aún no se puede tomar una decisión respecto a la modificación.

- Existe una mejora en el comportamiento elástico de la mezcla modificada ya que distribuye de mejor manera las cargas, generando menor deflexión y por consiguiente menores esfuerzos de tracción en la fibra interior. Como resultado se disminuyen las fisuras por tracción y por ende se puede garantizar un mayor periodo de vida útil.

- Se recomienda realizar ensayos de leyes de fatiga complementarios para definir si la causa de este comportamiento fue un mal procedimiento, por parte del laboratorio que realizó el ensayo, o si el EBE no es el modificador adecuado para los materiales pétreos trabajados.

- Se evidencia la necesidad de estandarizar el asfalto a nivel nacional de tal forma que se garantice el cumplimiento de la norma INVIAS.

6 BIBLIOGRAFÍA

Acevedo, J. (2009). El transporte como soporte al desarrollo de Colombia. *Revista de Ingeniería*, 156-162.

Asphalt Institute MS-22. (s.f.). Diseño de mezclas asfálticas. En *Principios de construcción de pavimento de mezcla asfáltica en caliente* (págs. 61-82).

Ayala L., M. E., & Juárez A., I. E. (Noviembre de 2010). Diseño de mezcla drenante con asfalto modificado disponible en El Salvador. San Salvador, El Salvador.

Bariani, L., Pereira, J., Goretti, L., & Barbosa, J. (s.f.). *Asfaltos modificados [Diapositivas de PowerPoint]*.

Becker, Y., Méndez, M. P., & Rodríguez, Y. (2001). Polymer Modified Asphalt. *Visión tecnológica, IX*.

Cardona, G. (2011 йил 25-Abril). Las vías de Colombia requieren inversión. (D. Arizmendi, Interviewer)

Cerón B., V. G. (2006). *Evaluación y comparación de metodologías VIZIR y PCI sobre el tramo de vía en pavimento flexible y rígido de la vía: Museo Quimbaya - CRQ Armenia.* Universidad Nacional de Colombia, Manizales.

Chen, J.-S., Liao, M.-C., & Shiah, M.-S. (2002). Asphalt Modified by Styrene-Butadiene-Styrene Triblock Copolymer: Morphology and Model. *Journal of Materials in Civil Engineering*, 224-229.

Da Costa A., S. (2000). *Estudios de misturas Asfálticas densas com agregados do estado do Pará, utilizando asflato convencional e modificado com polímero SBS.* Sao Carlos.

Delgado, J. G. (2006). *Asfaltenos: Composición, agregación, precipitación*. Mérida.

Dupont. (2012). *Elvaloy® asphalt paving additive is a "reactive elastomeric terpolymer" (RET)*. Recuperado el 20 de 10 de 2012, de Dupont, The miracles of science: http://www2.dupont.com/Asphalt_Modifier/en_US/asphalt-paving-additive.html

Ficha técnica deflectómetro de impacto Dynatest HWD 8081. (n.d.).

Figueroa-Infante, A. S., Fonseca-Santanilla, E. B., & Reyes-Lizcano, F. A. (2008). *Caracterización fisicoquímica y morfológica de asfaltos modificados con material reciclado.* Tesis, Universidad de Bogotá, Cundinamarca, Bogotá.

González H., D. (17 de Agosto de 2013). Doctor Ingeniero de Caminos, Canales y Puertos. (D. Giraldo R., & A. Pérez R., Entrevistadores)

Hurtado, P. (2013). *Físicoquímica del asfalto.* Bogotá.

Instituto Nacional de Vías. (2007). *Especificaciones Técnicas.* Colombia.

Instituto Nacional de Vías. (2007). Especificaciones y normas INV-07. Colombia.

Larsen, D. O., Alessandrini, J. L., Bosch, A., & Cortizo, S. (2009). Micro-structural and rheological characteristics of SBS-asphalt blends during their manufacturing. En *Construction and Building Materials* (págs. 2769-2774). Elsevier.

Montejo Fonseca, A. (2006). *Ingeniería de pavimentos, evaluación estructural, obras de mejoramiento y tecnología* (Vol. II). Bogotá, Cundinamarca, Colombia: Universidad Católica de Colombia.

Montejo, A. (1997). *Ingeniería de pavimentos para carreteras.* Bogotá, D.C.: Agora.

Muller, J. M. (2003). El impacto de la apertura económica sobre el sistema de trasnporte y el desarrollo regional en Colombia. *Territorios: Revista de Estudios Regionales y Urbanos,* 145-172.

Murgueitio V., A., Benavides, C. A., & Solano F., E. d. (1994). Diseño Estructural de Pavimentos. Popayán, Cauca, Colombia.

Profesor en línea. (s.f.). Obtenido de http://www.profesorenlinea.cl/Ciencias/petroleoRefineria.htm

Proyecto Fénix. (2008). Pavimentos de larga duración. *VIII Congreso Nacional de Firmes,* (pág. 33).

Revista Infraestructura Vial. (2013). *Infraestructura Vial Digital.* Obtenido de http://www.lanamme.ucr.ac.cr/riv/index.php?option=com_content&view=article&id=227

Romero, C. M., & Gómez, A. (2002). Propiedades físicas y químicas de asfaltos colombianos tipo Barrancabermeja y de sus respectivas fracciones de asfaltenos. *Acad. Colomb. Cienc, XXVI,* 127-132.

Rondón Q., H. A., & Reyes L., F. A. (2007). Metodologías de diseño de pavimentos flexibles: tebndencias, alcances y limitaciones. *Ciencia e Ingeniería Neogranandina*, 41-56.

Sandoval G., M. C., & Ramírez C., C. A. (2007). *El Río Cauca en su valle alto: un aporte al conocimiento de uno de los ríos más importantes de Colombia.* Santiago de Cali: CVC, Universidad del Valle.

Shell Bitumen. (2013). *Cariphalte PM.* Bogotá.

Zhao, D., Lei, M., & Yao, Z. (2009). Evaluation of Polymer-Modified Hot-Mix Asphalt: Laboratory Characterization. *Journal of Materials in Civil Eingineering*, 163-170.

Anexo 1

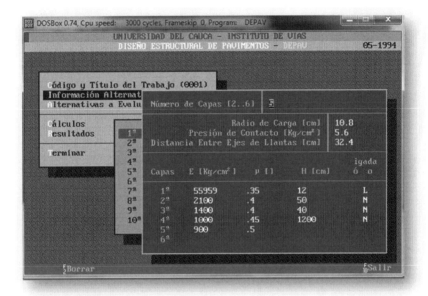

Anexo 2

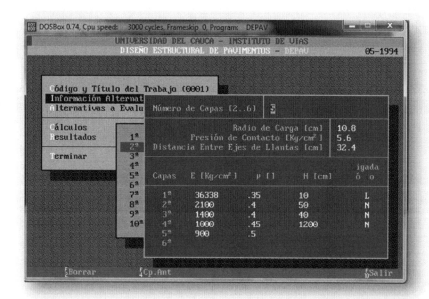

Anexo 3

GRANULOMETRÍA, LÍMITES Y CLASIFICACIÓN
NORMA INV- E 123
07-GESTIONAR LABORATORIO

CÓDIGO: FO-15-26
VERSIÓN: 03
FECHA DE VIGENCIA:

Tipo de Material para gradación: GRAVA TRITURADA TAMAÑO MÁXIMO 3/4" LAVADA

GRANULOMETRÍA

TAMIZ	RESULTADO OBTENIDO		
	Peso (g)	% Retenido	% Pasa
3	0,0	0	100
2 1/2	0,0	0	100
2	0,0	0	100
1 1/2	0,0	0	100
1	0,0	0	100
3/4	0,0	0,00	100,00
1/2	826,3	41,32	58,7
3/8	958,4	47,92	10,8
#4	186,3	9,32	1,5
#10	0,0	0,00	1,5
#40	0,0	0,00	1,5
#80	0,0	0,00	1,5
#200	0,0	0,00	1,5
Pasa	29,0	1,45	
Total	2000,0	100	

PROCEDENCIA	LATINCO
FECHA:	12-jun-13
MUESTRA N°:	1
CONTRATISTA:	
	LATINCO S.A
LOCALIZACIÓN:	
	Planta Río La Vieja
OBSERVACIONES:	
	Grava triturada y lavada

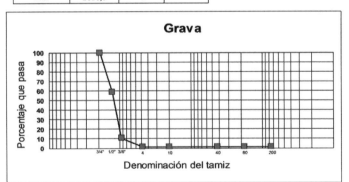

Anexo 4

GRANULOMETRÍA, LÍMITES Y CLASIFICACIÓN	CÓDIGO: FO-15-28
LATINCO S.A. NORMA INV- E 123	VERSIÓN: 03
07-GESTIONAR LABORATORIO	FECHA DE VIGENCIA:

Tipo de Material para gradación: INTERMEDIOS DE TRITURACIÓN

GRANULOMETRÍA

RESULTADO OBTENIDO			
TAMIZ	Peso (g)	% Retenido	% Pasa
3	0,0	0	100,0
2 1/2	0,0	0	100,0
2	0,0	0	100,0
1 1/2	0,0	0	100,0
1	0,0	0	100,0
3/4	0,0	0,00	100,0
1/2	0,0	0,00	100,0
3/8	0,0	0,00	100,0
#4	691,6	33,67	66,3
#10	506,0	24,63	41,7
#40	435,0	21,18	20,5
#80	146,1	7,11	13,4
#200	96,8	4,71	8,7
Pasa	178,8	8,70	
Total	2054,3	100	

PROCEDENCIA	LATINCO
FECHA:	12-jun-13
MUESTRA N°:	2
CONTRATISTA:	
	LATINCO S.A
LOCALIZACIÓN:	
	Planta Río La Vieja
OBSERVACIONES:	
	Arena proveniente de trituración

Intermedios de trituración

(Gráfica: Porcentaje que pasa vs. Denominación del tamiz)

Anexo 5

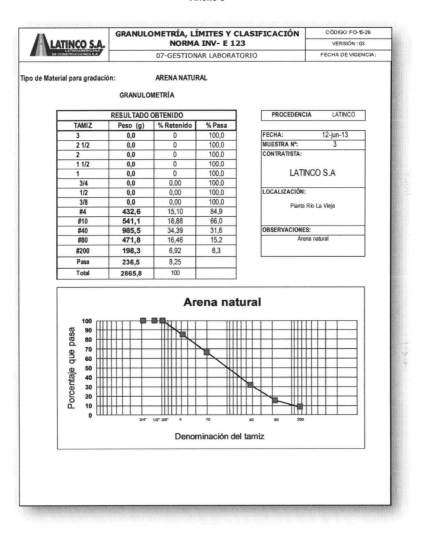

Anexo 6

LATINCO S.A.
LATINOAMERICANA
DE CONSTRUCCIONES S.A.

GRANULOMETRÍA, LÍMITES Y CLASIFICACIÓN
NORMA INV- E 123
07-GESTIONAR LABORATORIO

CÓDIGO: FO-15-26
VERSIÓN: 03
FECHA DE VIGENCIA:

Tipo de Material para gradación: LLENANTE

GRANULOMETRÍA

TAMIZ	Peso (g)	% Retenido	% Pasa
3	0,0	0	100,0
2 1/2	0,0	0	100,0
2	0,0	0	100,0
1 1/2	0,0	0	100,0
1	0,0	0	100,0
3/4	0,0	0,00	100,0
1/2	0,0	0,00	100,0
3/8	0,0	0,00	100,0
#4	0,0	0,00	100,0
#10	0,0	0,00	100,0
#40	109,7	11,18	88,8
#80	569,8	58,09	30,7
#200	258,7	26,37	4,4
Pasa	42,7	4,35	
Total	980,9	100	

PROCEDENCIA   LATINCO
FECHA: 12-jun-13
MUESTRA N°:   4
CONTRATISTA:
LATINCO S.A
LOCALIZACIÓN:
Planta Rio La Vieja
OBSERVACIONES:
Arena caliza

Llenante

Anexo 7

LATINCO S.A. — DESGASTE EN LA MÁQUINA DE LOS ÁNGELES INV-E-218,- 219
CÓDIGO: FO-S-IS-23
VERSIÓN: 04
FECHA DE VIGENCIA:
07-GESTIONAR LABORATORIO

OBRA:	DISEÑO DE MEZCLA ASFÁLTICA
TRAMO:	LABORATORIO
SECTOR:	
INTERVENTORÍA:	

1. IDENTIFICACIÓN DEL MATERIAL. Triturado de tamaño máximo de 3/4"
1.1 Fecha de Ensayo: miércoles, 12 de junio de 2013
1.2 Lugar del ensayo: Laboratorio Latinco S.A.
1.3 Tipo de Capa: Concreto asfáltico
1.4 Descripción: MDC-2
1.5 Procedencia del Material: Río La Vieja
1.6 Muestra Nro.: 1

2. ENSAYO
2.1 Tamaño máximo del material: 3/4"
2.2 Tamaño máximo nominal del material: 3/4"
2.4 DATOS

No. de prueba	ENSAYO EN SECO		SATURADO 24 HORAS	
	1	2	1	1
Gradación usada	B	B	B	B
Número de esferas	11	11	11	11
Número de revoluciones	500	500	500	500
P_a: peso muestra seca antes de ensayo (g)	5.000	5.000	5.000	5.000
P_b: peso muestra seca después de ensayo y lavado por tamiz No 12 (g)	4.210	4.220	4.187	4.195
Pa-Pb: pérdida (g)	790	780	813	805
Desgaste: $(Pa-Pb)/Pa \cdot 100$ (%)	15,8%	15,6%	16,3%	16,1%
Promedio	15,7%		16,2%	

Tamaños				Peso y granulometrías de la muestra para ensayo (g)						
Pasa en tamiz		Retenido en tamiz		A	B	C	D	E	F	G
mm	pulg	mm	pulg							
75	3,0"	62,5	2,1/2"					2500 ± 10		
62,5	2,1/2"	50	2,0"					2500 ± 10		
50	2,0"	37,5	1,1/2"					2500 ± 10	5000 ± 10	
37,5	1,1/2"	25	1,0"	1250 ± 25					5000 ± 10	5000 ± 10
25	1,0"	19	3/4"	1250 ± 25						5000 ± 10
19	3/4"	12,5	1/2"	1250 ± 25	2500 ± 10					
12,5	1/2"	9,5	3/8"	1250 ± 25	2500 ± 10					
9,5	3/8"	63	1/4"			2500 ± 10				
6,3	1/4"	4,76	No 4			2500 ± 10				
4,75	No 4	2,36	No 8				5000 ± 10			
Totales				5000 ± 10	5000 ± 10	5000 ± 10	5000 ± 10	10000 ± 100	10000 ± 75	10000 ± 25
No. de Esferas				12	11	8	6	12	12	12
No. de Revoluciones				500	500	500	500	1000	1000	1000

3. ESPECIFICACIÓN

ESPECIFICACIÓN INV - E - 218, - 219

BASE ASFÁLTICA MDC-1	35
MEZCLA ASFÁLTICA MDC-2	30
CONCRETO HIDRÁULICO	40
BASE GRANULAR	40
SUBBASE GRANULAR	50
AFIRMADO	50

5. CONTROL PRODUCTO NO CONFORME.
5.1 Producto Conforme: SI [X] NO [ ]
5.2 Disposición producto no conforme:
  a. Reprocesar [ ]   c. Aceptación por derogación (con o sin reparación) [ ]
  b. Reclasificar [ ]   d. Rechazar [ ]

OBSERVACIONES: ENSAYO REALIZADO AL AGREGADO DE 3/4" PARA MDC-2

Anexo 8

	SANIDAD DE AGREGADOS POR ATAQUE CON SULFATO DE SODIO	CÓDIGO: FG-S-15-25
LATINCO S.A.		VERSIÓN: 06
	07-GESTIONAR LABORATORIO	FECHA VIGENCIA:

PROYECTO: _____ **DISEÑO DE MEZCLA ASFÁLTICA** _____ CÓDIGO: _____

FUENTE: _____ PLANTA LATINCO RÍO LA VIEJA
MUESTRA No. _____ 1
DESCRIPCIÓN DEL MATERIAL: _____ AGREGADOS PARA UTILIZAR EN MEZCLA ASFÁLTICA
FECHA: _____ miércoles, 12 de junio de 2013

Abertura Tamiz (mm)		% Retenido Gradación muestra Original	Masa fracciones antes del ensayo (g)	Masa fracciones después del ensayo (g)	% Que pasa el menor tamiz después del ensayo	% perdida ponderado (% pérdida corregido)
Pasa	Retiene					
AGREGADO FINO						
3/8"	4	27,8 %	250	241,3	3,5 %	1,0 %
4	8	18,6 %	100	97,5	2,5 %	0,5 %
8	16	13,2 %	100	97,5	2,5 %	0,3 %
16	30	10,2 %	100	97,5	2,5 %	0,3 %
30	50	9,1 %	100	97,2	2,8 %	0,3 %
50	100	8,6 %	100	95,6	4,4 %	0,4 %
100		12,5 %				
TOTAL		100,0 %				2,7 %
AGREGADO GRUESO						
3"	2 1/2"	0,0 %				
2 1/2"	1 1/2"	0,0 %				
1 1/2"	1"	0,0 %				
1"	3/4"	0,0 %				
3/4"	1/2"	49,5 %	350	336,5	3,9 %	1,9 %
1/2"	3/8"	45,5 %	300	288,6	3,8 %	1,7 %
3/8"		5,0 %				
TOTAL		100,0 %				3,6 %

Observaciones : _____

Anexo 9

LATINCO S.A.

SANIDAD DE AGREGADOS POR ATAQUE CON SULFATO DE MAGNESIO
07-GESTIONAR LABORATORIO

CÓDIGO: FO-S-15-25
VERSIÓN: 06
FECHA VIGENCIA:

PROYECTO: _____ DISEÑO DE MEZCLA ASFÁLTICA CÓDIGO: _____

FUENTE: PLANTA LATINCO RÍO LA VIEJA
MUESTRA No.: 1
DESCRIPCIÓN DEL MATERIAL: AGREGADOS PARA UTILIZAR EN MEZCLA ASFÁLTICA
FECHA: miércoles, 12 de junio de 2013

Abertura Tamiz (mm)		% Retenido Gradación muestra Original	Masa fracciones antes del ensayo (g)	Masa fracciones después del ensayo (g)	% Que pasa el menor tamiz después del ensayo	% perdida ponderado (% pérdida corregido)
Pasa	Retiene					
AGREGADO FINO						
3/8"	4	27,6 %	300	273	9 %	2,5 %
4	8	24,3 %	100	98	2 %	0,5 %
8	16	15,0 %	100	97	3 %	0,5 %
16	30	11,2 %	100	96	4 %	0,4 %
30	50	9,2 %	100	98	2 %	0,2 %
50	100	7,3 %	100	98	2 %	0,1 %
100		5,4 %				
TOTAL		100,0 %				3,3 %
AGREGADO GRUESO						
3"	2 1/2"	0,0 %				
2 1/2"	1 1/2"	0,0 %				
1 1/2"	1"	0,0 %				
1"	3/4"	0,0 %				
3/4"	1/2"	45,1 %	350	330,2	5,7 %	2,6 %
1/2"	3/8"	52,3 %	300	285,6	4,8 %	2,5 %
3/8"		2,6 %				0,0 %
TOTAL		100,0 %				5,1 %

Observaciones:

Anexo 10

EQUIVALENTE DE ARENA DE SUELOS Y AGREGADOS FINOS NORMA INV. E-133	CÓDIGO: FO-S-15-27
07-GESTIONAR LABORATORIO	VERSIÓN: 04
	FECHA VIGENCIA:

PROYECTO: DISEÑO DE MEZCLA ASFÁLTICA
CLIENTE:
INTERESADO:
FUENTE: RÍO LA VIEJA
DESCRIPCIÓN: AGREGADO FINO UTILIZADO EN MEZCLA ASFÁLTICA
PROCEDENCIA DEL MATERIAL: RÍO LA VIEJA
LUGAR DE TOMA: PLANTA LATINCO

MUESTRA: 1
FECHA: 12-jun-13

No. de prueba	1	2	3	
Lectura de la arena (mm)	118,0	120,0	115,0	
Medidor (mm)	254,0	254,0	256,0	
Lectura de la arcilla + medidor (mm)	332,0	332,0	331,0	
Lectura de arcilla (mm)	78,0	78,0	75,0	
Equivalente de arena (%)	66	65	65	
Promedio (%)		65%		

ESPECIFICACIONES

Subbase granular	> 25 %
Base granular	> 30 %
Mezcla densa en caliente	> 50 %
Reciclado en frío	> 30 %
Reciclado en caliente	> 50 %
Concreto hidráulico	> 60 %

OBSERVACIONES: Agregados dosificados, para MDC-2 convencional y modificada.

Anexo 11

LATINCO S.A.	LIMPIEZA SUPERFICIAL AL AGREGADO GRUESO	CÓDIGO: FO-S-5-28
		VERSIÓN: 04
	07-GESTIONAR LABORATORIO	FECHA VIGENCIA:

OBRA: DISEÑO DE MEZCLA ASFÁLTICA
TRAMO: LABORATORIO
SECTOR: LABORATORIO
CLIENTE:

1. IDENTIFICACION DEL MATERIAL
1.1 Fecha de Ensayo.	miércoles, 12 de junio de 2013
1.2 Tipo de Capa.	MDC-2
1.3 Longitud Verificada.	MDC-2
1.4 Procedencia del Material.	RÍO LA VIEJA
1.5 Tipo de material	AGREGADO GRUESO
1.6 Muestra Nro:	1

2. ENSAYO
2.1 Tamaño máximo nominal del material: 3/4"
2.2 Cantidad de muestra mínima:
2.3 Cantidad de muestra máxima:

2.4 DATOS
ENSAYO No.		1	2
Masa total de la muestra	M=	6530	6510
Muestra para humedad (peso húmedo)	M_h =	3265	3255
Muestra para ensayo (peso húmedo)	M_{he} =	3265	3255
Muestra para humedad (peso seco)	M_s =	3170	3201
Muestra para ensayo lavado (peso seco)	m =	3160	3186

2.5 CALCULOS
Índice de Sequedad	= $w = M_t - M_s / M_s$	w =	0,9709	0,9834
Masa seca	= $M_{se} = M_{he}/1+w$	M_{se} =	3170	3201,00
Impurezas	= M_{se} - m	Imp =	10,00	15,00
Coeficiente de limpieza superficial = M_{se} - m / M_{se} *100		Cls =	0,32	0,47

2.6 RESULTADOS
2.6.1 COEFICIENTE DE LIMPIEZA SUPERFICIAL = 0,39%

3. ESPECIFICACION
3.1 Coeficiente de limpieza superficial 0,5 % máximo

5. CONTROL PRODUCTO NO CONFORME.
5.1 Producto Conforme: SI X NO
5.2 Disposición producto no conforme:
 a. Reprocesar c. Aceptación por derogación (con o sin reparación)
 b. Reclasificar d. Rechazar

5.3 Observaciones:

Anexo 12

LATINCO S.A.
LATINOAMERICANA DE CONSTRUCCIONES S.A.

PARTÍCULAS FRACTURADAS EN AGREGADOS
NORMA INV-E-227
07-GESTIONAR LABORATORIO

CÓDIGO: FO-S-15-29
VERSIÓN: 04
FECHA VIGENCIA:

OBRA: DISEÑO DE MEZCLA ASFÁLTICA
CLIENTE:
DESCRIPCIÓN DEL MATERIAL: AGREGADO GRUESO TRITURADO   MUESTRA: 1
FUENTES: RÍO LA VIEJA   FECHA: 12-jun-13
PROCEDENCIA DEL MATERIAL: PLANTA LATINCO RÍO LA VIEJA
LUGAR DE TOMA: PATIOS PLANTA

TAMAÑO DEL AGREGADO		PESO INICIAL MUESTRA	PESO PARTÍCULAS FRACTURADAS	CARAS FRACTURADAS	PORCENTAJE RETENIDO GRADACIÓN ORIGINAL	PROMEDIO DE CARAS FRACTURADAS
PASA TAMIZ	RETENIDO EN TAMIZ	Grs	Grs	(B/A)x100	%	CxD
		A	B	C	D	E
1 1/2"	1"	0	0	0,0	0,0	0,0
1"	3/4"	0	0	0,0	0,0	0,0
3/4"	1/2"	826,3	815,3	98,7	41,3	4.075,0
1/2"	3/8"	958,4	896,3	93,5	47,9	4.479,6
TOTAL		1784,7	1711,6	192,2	89,2	8.555

PORCENTAJE DE CARAS FRACTURADAS : TOTAL E / TOTAL D = **EN UNA CARA 95,9%**

ESPECIFICACIÓN

| CONCRETO ASFÁLTICO | > = 85 % |

OBSERVACIÓN :

Anexo 13

PARTÍCULAS FRACTURADAS EN AGREGADOS
NORMA INV-E-227
07-GESTIONAR LABORATORIO

LATINCO S.A.
LATINOAMERICANA DE CONSTRUCCIONES S.A.

CÓDIGO: FO-S-15-29
VERSIÓN: 04
FECHA VIGENCIA:

OBRA: DISEÑO DE MEZCLA ASFÁLTICA
CLIENTE:
DESCRIPCIÓN DEL MATERIAL: AGREGADO GRUESO TRITURADO   MUESTRA: 1
FUENTES: RÍO LA VIEJA   FECHA: 12-jun-13
PROCEDENCIA DEL MATERIAL: PLANTA LATINCO RÍO LA VIEJA
LUGAR DE TOMA: PATIOS PLANTA

TAMAÑO DEL AGREGADO		PESO INICIAL MUESTRA	PESO PARTÍCULAS FRACTURADAS	CARAS FRACTURADAS	PORCENTAJE RETENIDO GRADACIÓN ORIGINAL	PROMEDIO DE CARAS FRACTURADAS
PASA TAMIZ	RETENIDO EN TAMIZ	Grs	Grs	(B/A)x100	%	CxD
		A	B	C	D	E
1 1/2"	1"	0	0	0,0	0,0	0,0
1"	3/4"	0	0	0,0	0,0	0,0
3/4"	1/2"	826,3	730,2	88,4	13,3	1.175,3
1/2"	3/8"	958,4	845,6	88,2	9,7	855,8
TOTAL		1784,7	1575,8	176,6	23,0	2.031

PORCENTAJE DE CARAS FRACTURADAS : $\frac{\text{TOTAL E}}{\text{TOTAL D}}$ = **DOS CARAS 88,31%**

ESPECIFICACIÓN

| CONCRETO ASFÁLTICO | >= 70 % |

OBSERVACIÓN :

Anexo 14

LATINCO S.A. LATINOAMERICANA DE CONSTRUCCIONES S.A	**CONTENIDO DE VACÍOS EN AGREGADOS FINOS NO COMPACTADOS ANGULARIDAD MÉTODO (A) INV - E 239-07**	CÓDIGO: FO-S-15-35
		VERSIÓN: 03
	07-GESTIONAR LABORATORIO	FECHA VIGENCIA:

OBRA:	DISEÑO DE MEZCLA ASFÁLTICA	CÓDIGO
SECTOR:	PLANTA RÍO LA VIEJA	
DESCRIPCION:	ARENA PARA PRODUCIR MEZCLA ASFÁLTICA	
LUGAR DE TOMA:	PLANTA	
PROCEDENCIA:	RÍO LA VIEJA	
FECHA:	miércoles, 12 de junio de 2013	MUESTRA N° 1

DATOS DE ENSAYO		
Método de prueba tipo	A	
Ensayo N°	1	2
Volumen del molde (cm^3)	100,0	100,0
Gravedad específica del fino seco	2,768	2,768
Peso del material fino (g)	150,0	151,3
Vacíos agregado fino sin compactar (%)	54,2%	54,7%
Angularidad Método A (Agregado Fino)	54,4%	

Observaciones: Muestra tomada en la planta RÍO LA VIEJA	ESPECIFICACIÓN 2007	NORMA
	Rodadura mezcla asfáltica	45% Min
	Intermedia mezcla asfáltica	40% Min
	Base mezcla asfáltica	35% Min

Anexo 15

PARTÍCULAS PLANAS Y ALARGADAS INV E - 240-07

LATINCO S.A.

CÓDIGO: FO-S-15-36		
VERSIÓN: 03		
07-GESTIONAR LABORATORIO	FECHA VIGENCIA: 15-MAY-12	

OBRA: DISEÑO DE MEZCLA ASFÁLTICA   **CÓDIGO**

MATERIAL: AGREGADO GRUESO PARA PRODUCIR MEZCLA ASFÁLTICA

FUENTE: PLANTA RÍO LA VIEJA

FECHA DE ENSAYO: miércoles, 12 de junio de 2013
MUESTRA N° 1

TAMAÑO DE LA FRACCION	Peso material gradación original	Gradación Original	ENSAYO DE PARTICULAS PLANA Y ALARGADAS (RELACIÓN 5:1)			
			Ensayo de partículas planas y alargadas			
			Muestra de ensayo	partículas planas y alargadas	partículas planas y alargadas	partículas planas y alargadas corregidas
	(g)	(%)	(g)	(g)	(%)	(%)
1"-3/4"						
3/4"-1/2"	826,3	41,3	826,3	51,6	6,2	257,9
1/2"-3/8"	958,4	47,9	958,4	28,3	3,0	141,4
3/8"-No4	186,3	9,3	186,3	15,6	8,4	78,0
Totales	1971,0	98,5				477,4

Ensayo de partículas planas y Alargadas (%) 4,8%

OBSERVACIONES

ESPECIFICACIÓN INVIAS 2007 ARTICULO 400

TIPO DE TRATAMIENTO O MEZCLA	PARÁMETRO
Mezcla abierta en frío	10 % máximo
mezcla densa en frío	10 % máximo
Mezcla densa, semidensa y gruesa en caliente	10 % máximo
Mezcla discontinua en caliente	10 % máximo
Mezcla drenante	10 % máximo
Reciclado del pavimento existente (material de adición)	10 % máximo
Mezcla de alto módulo	10 % máximo

Anexo 16

LATINCO S.A.	GRAVEDAD ESPECÍFICA (Gs) LLENANTE MINERAL (FILLER) INV- E - 128	CÓDIGO: FO-S-15-32
		VERSIÓN: 05
	07-GESTIONAR LABORATORIO	FECHA VIGENCIA: 15-JUN-13

PROYECTO:	DISEÑO DE MEZCLA ASFÁLTICA MDC -2
TRAMO :	LABORATORIO
SECTOR:	PLANTA
FUENTE:	RÍO LA VIEJA
MUESTRA No:	1
DESCRIPCION MATERIAL:	LLENANTE MINERAL
FECHA ENSAYO:	miércoles 12 de junio de 2013
REFERENCIA:	GRAVEDAD ESPECIFICA

PRUEBAS	1	2	PROMEDIOS
Temperatura del agua para el ensayo en (°C)	25	25	
WA = Peso del picnómetro lleno con agua a T°	677,8	679,8	
WB = Peso del picnómetro + agua + muestra	740	742,2	
WB - WA	62,2	62,4	
WO = Peso de la muestra en gramos	100,0	100,0	
WO + (WB - WA)	162,2	162,4	
Gs. = W0 / WO + (WA-WB)	2,646	2,660	
K = factor de corrección del agua a T°	1,0000	1,0000	
Gs. APARENTE a 25° C = Gs x K	2,646	2,660	2,653

NOTA : VARIACIÓN DE 0,02 EN CADA PRUEBA

OSERVACIONES:

Anexo 17

LATINCO S.A. LATINOAMERICANA DE CONSTRUCCIONES S.A.

GRAVEDAD ESPECIFICA ABSORCION AGREGADO FINO NORMA INV - E- 222	CÓDIGO: FO-S-15-31
	VERSIÓN: 04
07-GESTIONAR LABORATORIO	FECHA DE VIGENCIA: 15-JUN-13

PROYECTO:	DISEÑO
TRAMO:	PLANTA LATINCO
SECTOR:	LABORATORIO

1. Identificación:

1.1 Fecha de Ensayo.	miércoles, 12 de junio de 2013
1.2 Tipo de Capa.	MEZCLA ASFÁLTICA
1.3 Longitud Verificada.	
1.4 Procedencia del Material.	PLANTA LATINCO RÍO LA VIEJA
1.5 Tipo de material	AGREGADO FINO
1.6 Muestra No.:	1

2. Ensayo:

PRUEBAS	1	2	Promedios
Temperatura de ensayo °c	24	24	
Peso muestra sss (Wsss)+tara	632,0	625,8	
Peso tara	125,0	121,5	
Peso muestra sss (Wsss)	497,0	498,0	
Peso del matras + agua enrrase (Wma)	701,5	694,0	
Peso del matras + agua enrrase (Wmam)	1.021,3	1.014,5	
Peso muestra seca (Ws)+tara	646,3	641,1	
Peso muestra seca (Ws)	491,6	490,3	
Ws + Wma - Wmam	171,8	169,8	
Wsss + Wma - Wmam	177,2	177,5	

3. Resultado:

	1	2	
Gravedad específica aparente (g/cm³)	2,861	2,888	2,874
Gravedad específica bulk (g/cm³)	2,774	2,762	**2,768**
Gravedad específica bulk saturada superficialmente seca (Gbsss) (g/cm³)	2,805	2,806	2,805
Absorción	1,1%	1,5%	1,3%

4. Especificacion:
Nota: Las pruebas no deben variar más de 0.02 en peso específico y no más de 0.05 en absorción.

5. CONTROL PRODUCTO NO CONFORME.

5.1 Producto conforme: SI **X**

5.2 Disposición producto no conforme:
a. Reprocesar ☐ c. Aceptar por derogación (con o sin reparación) ☐
b. Reclasificar ☐ d. Rechazar ☐

Observaciones: Ensayo realizado a la fraccion fina de la mezcla total del material que pasa el tamiz N° 4 y retiene el tamiz N° 200 del diseño del concreto asfáltico tipo

EIA
Análisis comparativo de dos tramos viales en pavimento
flexible, uno con mezcla convencional y otro con adición de EBE

Anexo 18

LATINCO S.A.	GRAVEDAD ESPECÍFICA ABSORCIÓN AGREGADO GRUESO NORMA INV. - E- 223	CÓDIGO: FO-S-15-33
		VERSIÓN: 04
	07-GESTIONAR LABORATORIO	FECHA DE VIGENCIA: 15-JUN-13

PROYECTO: DISEÑO
TRAMO: PLANTA LATINCO
SECTOR: LABORATORIO

1. Identificación:
1.1 Fecha de Ensayo. — miércoles, 12 de junio de 2013
1.2 Tipo de Capa. — MEZCLA ASFÁLTICA
1.3 Longitud Verificada.
1.4 Procedencia del Material. — PLANTA LATINCO RIO LA VIEJA
1.5 Tipo de material — AGREGADO GRUESO
1.6 Muestra No.: — 1

2. Ensayo:

PRUEBAS	1	2	3	Promedios
Temperatura de ensayo °C	20	20	20	
Peso muestra sss (Wsss)+tara	2.128,0	2.298,0	2.485,1	
Peso tara	74,5	130,9	130,2	
Peso muestra sss (Wsss)	2.053,0	2.168,1	2.355,1	
Peso del matras + agua enrrase (Wma)	1.546,0	1.619,0	1.741,0	
Peso del matras + agua enrrase + muestra (Wmam)	204,0	204,0	204,0	
Peso muestra seca (Ws)+tara	1.342,0	1.415,0	1.537,0	
Peso tara	2.115,0	2.285,0	2.471,0	
Peso muestra seca (Ws)	2.040,2	2.154,3	2.341,2	
Ws + Wma - Wmam	698,2	739,3	804,2	
Wsss + Wma - Wmam	12,8	13,8	13,9	

3. Resultado:

	1	2	3	Promedios
Gravedad específica aparente (g/cm³)	2,922	2,914	2,911	2,916
Gravedad específica bulk (g/cm³)	2,869	2,861	2,862	2,864
Gravedad específica bulk saturada superficialmente seca (Gb_{sss}) (g/cm³)	2,887	2,879	2,879	2,882
Absorción	0,623	0,637	0,590	0,62

4. Especificación:

Nota: Las pruebas no deben variar más de 0.02 en peso específico y no más de 0.05 en absorción.

5. Control Producto NO Conforme:
5.1 Producto conforme: SI [X]   NO [ ]
5.2 Disposición producto no conforme:
    a. Reprocesar [ ]   c. Aceptar por derogación (con o sin reparación) [ ]
    b. Reclasificar [ ]   d. Rechazar [ ]

Observaciones: Ensayo realizado a la parte gruesa de la mezcla total retenido en el tamiz N° 4

EIA
Análisis comparativo de dos tramos viales en pavimento
flexible, uno con mezcla convencional y otro con adición de EBE

Anexo 19

LATINCO S.A. LATINOAMERICANA DE CONSTRUCCIONES S.A.	MÉTODO MARSHALL 07-GESTIONAR LABORATORIO	CÓDIGO: FO-S-15-06 VERSIÓN: 05 VIGENCIA:

Título:	ANÁLISIS GRANULOMÉTRICO, CONTENIDO DE ASFALTO, DENSIDAD, ESTABILIDAD Y FLUJO. INVIAS E-748.		
Compañía:	LATINCO S.A		
Obra:	DISEÑO DE MEZCLA ASFÁLTICA MDC 2	TIPO DE ASFALTO	60-70
Material:	MEZCLA ASFÁLTICA MDC-2.		
Orden de Trabajo:		Fecha de revisión:	Fecha de ensayo: 12-jun-13

Peso Específico agregados: Gag = 2,805   Peso Específico Asfalto: 1,005   Temperatura de Compactación 134   Golpes por Cara: 75   PEMM: *-0,0284*AC+2,7543

Briqueta No.	Contenido de Asfalto	Factor Corrección	PESO MUESTRA			PESO ESPECÍFICO			Asfalto	VOLUMEN TOTAL			Vacíos en Agregados Minerales	% Asfalto Efectivo	% Total Vacíos Llenos	Peso Unitario	ESTABILIDAD		FLUJO
			Seca en Aire	S.S.S. en el Aire	En Agua	Bulk	Máximo Teórico	Máximo Medido	Absorbido	Agregados	Vacíos con aire	Asfalto Efectivo					Medida	Corregida	
	%		g	g	g	g/cm³	g/cm³	g/cm³	%	%	%	%	%	%	%	lb/pie³	kg	kg	1/100 pulg
						d e-f	Gh	Gmm	(j-h)·100 h(100-b)	(100-b)·g h(100-b)	(1-(g/i))*100	100-l-k	-g(100-b)/100	(m/n)*100	62,4 × g				
a	b	c	d	e	f	g	h	i	j	k	l	m	n	o	p	q	r	s	t
1	4,50%	1,00	1256,0	1262,3	749,5	2,449											1076,3	1076	2,50
2		1,04	1242,0	1248,2	741,3	2,450											1095,6	1139	2,25
3		1,04	1254,2	1261,2	749,2	2,450											1122,3	1122	2,25
	4,50%		1250,7	1257,2	746,67	2,450	2,595	2,627	0,46	83,4	6,7	9,9	16,6	4,1	59	152,9	1098,1	1113	2,33
4	5,00%	1,00	1266,9	1267,5	759,3	2,493											1365,2	1365	3,00
5		1,04	1263,1	1261,5	755,6	2,497											1326,5	1380	3,00
6		1,00	1276,2	1276,5	764,2	2,491											1313,5	1314	3,25
	5,00%		1268,7	1268,5	759,70	2,494	2,574	2,612	0,57	84,5	4,5	11,0	15,5	4,5	71	155,6	1335,1	1353	3,08
7	5,50%	1,04	1260,9	1263,1	755,2	2,483											1221,6	1270	3,50
8		1,04	1258,0	1259,7	757,2	2,503											1245,3	1295	3,75
9		1,00	1269,3	1271,3	760,3	2,484											1223,6	1224	3,75
	5,50%		1262,7	1264,7	757,57	2,490	2,553	2,598	0,68	83,9	4,2	11,9	16,1	4,9	74	155,4	1230,2	1263	3,67
10	6,00%	1,00	1250,6	1254,6	751,8	2,487											1110,2	1110	4,00
11		1,00	1257,3	1261,5	755,1	2,483											998,2	998	4,00
12		1,00	1264,2	1268,4	758,2	2,478											1000,8	1001	4,50
	6,00%		1257,4	1261,5	755,03	2,483	2,532	2,584	0,84	83,2	3,9	12,9	16,8	5,2	77	154,9	1036,4	1036	4,17
13	6,50%		1250,8	1252,7	749,4	2,485											972,6	1012	4,25
14			1253,5	1255,5	750,1	2,480											969,6	1009	4,50
15			1255,4	1256,9	749,7	2,475											977,2	1016	4,50
	6,50%		1253,2	1255,0	749,73	2,480	2,512	2,570	0,95	82,7	3,5	13,8	17,3	3,6	80	154,8	973,3	1012	4,42

Giraldo R., Daniel Alberto; Pérez R., Alejandra; octubre de 2013

Anexo 20

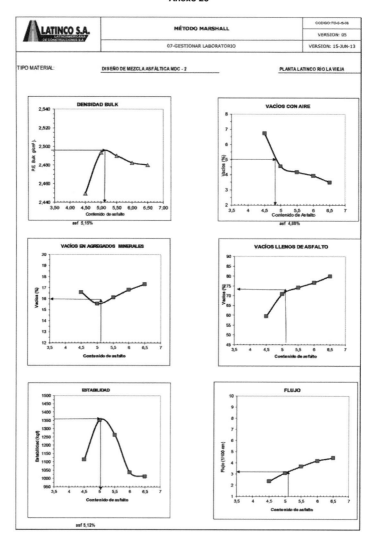

Anexo 21

EVALUACIÓN DE LA SUSCEPTIBILIDAD AL AGUA DE LAS MEZCLAS ASFÁLTICAS COMPACTADAS
PRUEBA DE TRACCIÓN INDIRECTA
NORMA INV-E-725-07 ASTM - D4867/4867M - 96 AASHTO - T 283-03

LATINCO S.A.

CÓDIGO: FO-O-04-14
VERSIÓN: 04
VIGENCIA:

07-GESTIONAR LABORATORIO

OBRA:	DISEÑO DE MEZCLA ASFÁLTICA	CP:	
TRAMO:	PLANTA LATINCO RÍO LA VIEJA	ABSCISA:	PLANTA
SECTOR:	LABORATORIO	SEGMENTO:	
DESCRIPCIÓN:	MEZCLA ASFÁLTICA MDC - 2	FECHA:	12/06/2013
DISEÑO: MDC-2	ASFALTO: 60/70 CONVENCIONAL	Cal:	0,00%
% De asfalto de la muestra: 5,05%		ADITIVO:	0,00%

T.S.R.

No. de briqueta	Fecha de compactación	Espesor (mm)	Diámetro (mm)	Masa seca al aire (g)	Masa SSS (g)	Masa en agua (g)	Volumen [B-C] (cm³)	G.E Bulk [A/E] (g/cm³)	G.E Máxima (g/cm³)	Porcentaje de vacíos con aire (1-F/G)*100	Volumen de vacíos con aire HE/100	ESTADO SATURADA	ESTADO CURADAS A 25°C
		1	D	A	B	C	E	F	G	H	I		
1	12-jun-13	66,8	101,8	1314,6	1317,2	780,2	537,0	2,448	2,641	7,31	39,2	1	
2	12-jun-13	67,2	101,7	1311,2	1313,5	778,2	535,3	2,449	2,641	7,25	38,8		2
3	12-jun-13	66,1	102,0	1277,2	1278,2	760,2	518,0	2,466	2,641	6,64	34,4	3	
4	12-jun-13	65,9	102,0	1318,3	1320,7	780,2	540,5	2,439	2,641	7,65	41,3		4
5	12-jun-13	65,8	101,9	1298,8	1300,5	771,1	529,4	2,453	2,641	7,11	37,6	5	
6	12-jun-13	65,4	102,0	1315,1	1317,1	781,2	535,9	2,454	2,641	7,08	37,9	6	

	SATURACIÓN					CURADO A 60°C					CAMBIO VOL		ENSAYO DE TENSIÓN T.S.R.						
BRIQ N°	Masa SSS (g)	Masa en agua (g)	Volumen (cm³) (B'-C')	Volumen absoluto del agua (cm³) (B'-A)	Porcentaje de saturación (%) (100 J'/I)	Porcentaje de hinchamiento (%) (100(E'-E)/E)	Masa SSS (g)	Masa en agua (g)	Volumen (cm³) (B''-G'')	Volumen absoluto del agua (cm³) (B''-A)	Porcentaje de saturación (%) (100 J''/I'')	Porcentaje de hinchamiento (%) (100(E''-E)/E)	Espesor final (mm)	Diámetro final (mm)	Lectura Carga	Carga N (lbf)	Resistencia húmeda 2000 P /(π.t.D) o 2P /(π.t.D)	Resistencia Seca 2000 P /(π.t.D) o 2P /(π.t.D)	RR . (Rht/Rts)	Daño por humedad (Visual)	Fractura/Trituración del agregado
	B'	C'	E'	J'			B''	C''	E''	J''					P	Rth	Rts				
1	1336	670	666	21,40	54,5%	24,02	1336,0	680,3	647,7	23,40	59,6%	20,61	67,30	101,9	6,5	1462,5	87,8	88,3	99,2	NO	
3	1322	680	642,0	23,20	61,7%	21,27	1333,0	700,8	632,4	24,20	62,3%	18,37	66,00	101,9	6,4	1440,0	87,9	86,5	101,6	NO	
5	1341	685	656,0	25,90	66,3%	22,41	1344,0	700,7	643,3	26,90	64,0%	24,19	65,00	102,1	6,7	1507,5	92,4	91,8	100,8	NO	
													65,40	102,2	7,8	1754,0	108,3	107,8	117,9	NO	
													66,40	102,3	7,8	1710,0	104,8	104,8	97,3	NO	
													66,51	102,1	7,4	1653,8	101,6	101,8	96,9	NO	

ENSAYO DE T.S.R = 85,2%

EIA
Análisis comparativo de dos tramos viales en pavimento
flexible, uno con mezcla convencional y otro con adición de EBE

Anexo 22

LATINCO S.A. — LATINOAMERICANA DE CONSTRUCCIONES S.A.

MÉTODO MARSHALL
07-GESTIONAR LABORATORIO

CÓDIGO: FO-S-15-06
VERSIÓN: 05
VIGENCIA:

Título: ANALISIS GRANULOMÉTRICO, CONTENIDO DE ASFALTO, DENSIDAD, ESTABILIDAD Y FLUJO. INVIAS E-748.

Compañía:	LATINCO S.A					
Obra:	DISEÑO DE MEZCLA ASFÁLTICA MDC 2			TIPO DE ASFALTO		CARIPHALTE TIPO III
Material:	MEZCLA ASFÁLTICA MDC-2 MODIFICADA					
Orden de Trabajo:			Fecha de revisión:		Fecha de ensayo:	12-jun-13

Peso específico agregados: Gag = 2,805   Peso específico asfalto: 1,005   °T. de Compactación: 148°C   Golpes por Cara: 75   PEMM: *-0,0582*AC+2,931

Briqueta No.	Contenido de Asfalto	Factor Corrección	PESO MUESTRA			PESO ESPECÍFICO			Asfalto Absorbido	VOLUMEN TOTAL			Vacíos en aire	% Asfalto Efectivo	% Total Vacíos Llenos	Peso Unitario	ESTABILIDAD		FLUJO
			Seca en Aire	S.S.S. en el Aire	En Agua	Bulk 65	Máximo Teórico	Máximo Medido		Agregados	Vacíos con aire	Asfalto	Agregados Minerales				Medida	Corregida	
	%		g	g	g	g/cm³	g/cm³	g/cm³	%	%	%	%	%	%	%	lb/pie³	kg	kg	1/100 pulg
a	b	c	d	e	f	g	h	i	j	k	l	m	n	o	p	q	r	s	t
1	4,50%	1,00	1204,0	1210,3	720,1	2,456											1325,6	1445	2,3
2		1,04	1227,3	1234,4	735,2	2,459											1315,2	1368	2,75
3		1,04	1209,5	1218,2	727,6	2,465											1317,2	1436	3,0
	4,50%		1213,6	1221,0	727,63	2,460	2,595	2,669	1,06	83,8	7,8	8,4	16,2	3,5	52	153,5	1319,3	1416	2,6
4	5,00%	1,00	1233,6	1236,4	743,2	2,501											1532,0	1670	3,0
5		1,04	1228,2	1232,6	743,2	2,510											1521,0	1658	3,8
6		1,00	1225,4	1228,1	741,2	2,517											1510,0	1646	3,3
	5,00%		1229,1	1232,4	742,53	2,509	2,574	2,640	0,97	85,0	5,0	10,0	15,0	4,1	67	156,6	1521,0	1658	3,3
7	5,50%	1,04	1217,2	1218,6	731,5	2,499											1490,0	1624	3,8
8		1,04	1219,9	1221,0	735,2	2,511											1501,2	1636	3,8
9		1,00	1219,7	1220,5	730,2	2,488											1486,3	1620	3,8
	5,50%		1218,9	1220,0	732,30	2,499	2,553	2,611	0,87	84,2	4,3	11,5	15,8	4,7	73	156,0	1492,5	1627	3,8
10	6,00%	1,00	1222,6	1230,2	737,2	2,480											1245,0	1357	4,3
11		1,00	1203,4	1210,3	725,5	2,482											1234,0	1345	4,0
12		1,00	1239,1	1244,1	747,2	2,494											1162,3	1209	4,3
	6,00%		1221,7	1228,2	736,63	2,485	2,532	2,582	0,80	83,3	3,7	13,0	16,7	5,2	78	155,1	1213,8	1304	4,2
13	6,50%		1221,3	1222,5	729,4	2,475											1060,0	1155	4,5
14			1220,8	1221,9	728,4	2,474											1058,0	1153	4,8
15			1219,8	1221,3	728,8	2,477											1061,0	1156	4,5
	6,50%		1220,6	1222,0	728,87	2,475	2,512	2,553	0,68	82,5	3,0	14,4	17,5	3,9	83	154,4	1059,7	1155	4,6

Anexo 23

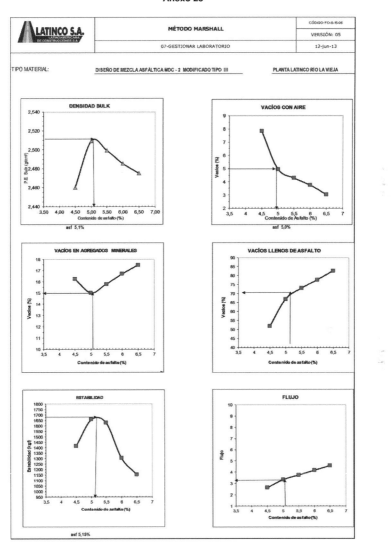

Anexo 24

LATINCO S.A.

EVALUACIÓN DE LA SUSCEPTIBILIDAD AL AGUA DE LAS MEZCLAS ASFÁLTICAS COMPACTADAS PRUEBA DE TRACCIÓN INDIRECTA NORMA INV-E-725-07 ASTM - D4867/4867M - 96 AASHTO - T 283-03	CÓDIGO : FO-O-04-14
07-GESTIONAR LABORATORIO	VERSIÓN : 04 / VIGENCIA:

OBRA:	DISEÑO DE MEZCLA ASFÁLTICA	CP:	
TRAMO:	PLANTA LATINCO RÍO LA VIEJA	ABSCISA:	PLANTA
SECTOR:	LABORATORIO	SEGMENTO:	
DESCRIPCIÓN:	MEZCLA ASFÁLTICA MDC - 2	FECHA:	12/06/2013
DISEÑO: MDC-2	ASFALTO: 60/70 CONVENCIONAL	Cat: 0,00%	
% De asfalto de la muestra : 5,06%		ADITIVO: 0,00%	

BRIQ N°	Fecha de compactación	Espesor prom (pul)	Diámetro ,mm (pul)	Masa seca al aire	Masa SSS	Masa en agua	Volumen (B-C)	G.E Bulk (A/E)	G.E Máxima	% De vacíos con aire (1-F/G)*100	Volumen de vacíos con H.E/100	ESTADO SATURADAS	CURADAS
		1	D	A	B	C	E	F	G	H	I	A 60°C	A 25°C
1	22-jul-13	6,3	102,0	1237,4	1243,3	738,1	505,2	2,449	2,641	7,26	36,7	1	
2	22-jul-13	6,2	102,0	1223,6	1230,2	732,8	497,4	2,460	2,641	6,85	34,1		2
3	22-jul-13	6,3	102,0	1229,7	1234,6	736,2	498,4	2,467	2,641	6,58	32,8	3	
4	22-jul-13	6,1	102,0	1215,0	1219,3	729,3	490,0	2,480	2,641	6,11	29,9		4
5	22-jul-13	6,3	102,0	1225,8	1229,8	740,9	488,9	2,477	2,641	6,21	31,0	5	
6	22-jul-13	6,4	102,0	1281,5	1286,5	770,1	516,4	2,482	2,641	6,04	31,2		6

	SATURACIÓN					CURADO A 60 °C					CAMBIO VOL.				ENSAYO DE TENSIÓN T.S.R.					
BRIQ N°	Masa SSS	Masa en agua	Volumen	Volumen absoluto del agua	% Saturación	% De hinchamiento	Masa SSS	Masa en agua	Volumen	Volumen absoluto del agua	% Saturación	% De hinchamiento	Espesor ,mm (pul) . Final	Diámetro ,mm (pul) . Final	Lectura Carga	Carga N (lbf)	Resistencia húmeda 2000 P /(π.t.D) o 2 P /(π.t.D)	Resistencia Seca 2000 P /(π.t.D) o 2 P /(π.t.D)	RR, (Rht / Rts)	Daño por humedad (Visual)	Fractura / Trituración de agregado
			(B-C)	(B-A)	(100 J/I)	(100 E - E)/E			(B-C)	(B-A)	(100 J/I)	(100 E - E)/E	(pul)	(pul)		P	Rts	Rhs			
1	1260,2	754,3	505,9	22,80	62,3%	0,14	1268,3	760,1	508,2	30,90	84,3%	0,59	6,30	102,6	12,1	2767,5	175,0	1768,9	9,9	NO	
3	1248,3	750,1	498,2	19,80	59,9%	0,16	1257,8	756,2	501,4	27,90	86,9%	0,60	6,240	102,3	11,6	2606,5	167,6	1692,2	9,9	NO	
5	1253,4	754,2	498,2	17,60	55,9%	0,06	1261,3	756,3	503,0	25,50	82,3%	0,02	6,28	102,1	11,8	2652,8	169,9	1695,6	10,0	NO	
													6,00	102	12,1	2767,5	167,7	1826,9	10,8	NO	
													6,30	102	13,2	2970,0	189,6	1898,3	10,4	NO	
													6,00	102	13,1	2847,5	185,5	1894,5	9,8	NO	

ENSAYO DE T.S.R =	91,7%

Anexo 25

	CONCENTRACIÓN CRÍTICA DEL LLENANTE INV. - E-745	CÓDIGO: FO-S-15-09
		VERSIÓN: 04
	07-GESTIONAR LABORATORIO	FECHA DE VIGENCIA:

PROYECTO : DISEÑO DE MEZCLA ASFÁLTICA
MATERIAL : LLENANTE MINERAL UTILIZADO MEZCLA ASFÁLTICA MDC - 2
FECHA : 12-jun-13

PESO ESPECÍFICO DEL LLENANTE MINERAL PASA TAMIZ No. 200

$$Gs = \frac{Wo}{Wo + W2 - W1}$$

Wo = Peso Llenante Seco (g)
W1 = Peso picnómetro + H2O + Llenante (g)
W2 = Peso picnómetro + H2O (g)

CONCENTRACIÓN CRÍTICA DEL LLENANTE Cs

$$Cs = \frac{P}{V \cdot Gs}$$

P = Peso Muesta Seca (g)
V = Volumen en sedimento (cm³)
Gs = Peso Específico Llenante (g/cm³)

CONCENTACIÓN REAL DEL LLENANTE Cv

$$Cv = \frac{F}{F + A}$$

F = Volumen del Llenante en la Mezcla
A = Volumen del Asfalto en la Mezcla

TABLA N° 1

MUESTRA	PESO ESPECÍFICO LLENANTE (g/cm³)
Llenante Mineral	2,653

TABLA N° 2

MUESTRA	ENSAYO	PESO LLENANTE (g)	VOLUMEN (cm³)	Cs
Llenante Mineral	1	10	12	0,31
	2	10	11,8	0,32

TABLA N° 3

ENSAYOS	RESULTADOS	VOLUMEN LLENANTE	Cv
		VOLUMEN ASFALTO	
Porcentaje pasa 200	5,10%	0,019	
Peso específico llenante (g/cm³)	2,653		0,28
Porcentaje asfalto	5,05%	0,050	
Peso específico asfalto (g/cm³)	1,005		

RESULTADOS

Total asfalto en la mezcla	5,05%
Asfalto efectivo	4,5%
Pasa tamiz No.200	5,10%
Relación llenante-ligante	1,14

Anexo 26

	CONCENTRACIÓN CRÍTICA DEL LLENANTE INV. - E-745	CÓDIGO: FO-S-15-09
		VERSIÓN: 04
	07-GESTIONAR LABORATORIO	FECHA DE VIGENCIA:

PROYECTO: DISEÑO DE MEZCLA ASFÁLTICA
MATERIAL: LLENANTE MINERAL UTILIZADO MEZCLA ASFÁLTICA MDC -2 MODIFICADA
FECHA: 12-jun-13

PESO ESPECÍFICO DEL LLENANTE MINERAL PASA TAMIZ No. 200

$$Gs = \frac{Wo}{Wo + W2 - W1}$$

Wo = Peso Llenante Seco (g)
W1 = Peso picnómetro + H20 + Llenante (g)
W2 = Peso picnómetro + H20 (g)

CONCENTRACIÓN CRÍTICA DEL LLENANTE Cs

$$Cs = \frac{P}{V*Gs}$$

P = Peso Muestra Seca (g)
V = Volumen en sedimento (cm³)
Gs = Peso Específico Llenante (g/cm³)

CONCENTACIÓN REAL DEL LLENANTE Cv

$$Cv = \frac{F}{F + A}$$

F= Volumen del Llenante en la Mezcla
A = Volumen del Asfalto en la Mezcla

TABLA N° 1

MUESTRA	PESO ESPECÍFICO LLENANTE (g/cm³)
Llenante Mineral	2,653

TABLA N° 2

MUESTRA	ENSAYO	PESO LLENANTE (g)	VOLUMEN (cm³)	Cs
Llenante Mineral	1	10	12	0,31
	2	10	11,8	0,32

TABLA N° 3

ENSAYOS	RESULTADOS	VOLUMEN LLENANTE	Cv
		VOLUMEN ASFALTO	
Porcentaje pasa 200	5,10%	0,019	
Peso específico llenante (g/cm³)	2,653		0,28
Porcentaje asfalto	5,08%	0,051	
Peso específico asfalto (g/cm³)	1,005		

RESULTADOS

Total asfalto en la mezcla	5,08%
Asfalto efectivo	4,5%
Pasa tamiz No.200	5,10%
Relación llenante-ligante	1,13

Anexo 27

GERENCIA REFINERÍA BARRANCABERMEJA
COORDINACION INSPECCION DE CALIDAD
Reporte de resultados de ensayo de laboratorio

09/04/2013 07:09:02

Producto: ASFALTO 60x70
Número de muestra: 203.486.040
Fecha de Vo.Bo: 08-04-2013 17:57:51
Almacenamiento: KN205

Vo Bo: Sí

ANALISIS	UNIDAD	RESULTADO	ESPECIFICACION	METODO
CURVA REOLOGICA				
VISCOSIDAD A 60 C	cP	192000	REPORTAR	ASTM D 4402
VISCOSIDAD A 80 C	cP	18450	REPORTAR	ASTM D 4402
VISCOSIDAD A 100 C	cP	3204	REPORTAR	ASTM D 4402
VISCOSIDAD A 135 C	cP	362.5	REPORTAR	ASTM D 4402
VISCOSIDAD A 150 C	cP	182.5	REPORTAR	ASTM D 4402
DUCTILIDAD	cm	140	100 MINIMO	ASTM D 113 D
GRAVEDAD API/GRAVEDAD ESPECIF. EN CRUDOS				
GRAVEDAD API	Grados API	7.8	REPORTAR	ASTM D 4052
DENSIDAD A 15 °C	kg/m3	1015.2	REPORTAR	ASTM D 4052
INDICE DE PENETRACION CALCULADO				
PENETRACION A 25 C (77 F)	mm/10	68	60 MINIMO - 70 MAXIMO	ASTM D 5
INDICE DE PENETRACION	N/A	-1.3	REPORTAR	ASTM D 5
PERDIDA DE MASA (RTFOT)	g/100g	0.57	1 MAXIMO	ASTM D 2872
PUNTO ABLANDAMIENTO	°C	46.9	45 MINIMO - 55 MAXIMO	ASTM D 36
PUNTO DE INFLAMACION	°C	320	232 MINIMO	ASTM D 92
SOLUBILIDAD EN TRICLOROETILENO	%	99.9	99 MINIMO	ASTM D 2042
VISTO BUENO TANQUES				
VoBo	N/A	SI	REPORTAR	VISTO BUENO
COMENTARIO	N/A	NINGUNO	REPORTAR	VISTO BUENO

VoBo. Nombre:

Nelson Cuevas Silva

Página 1 de 2

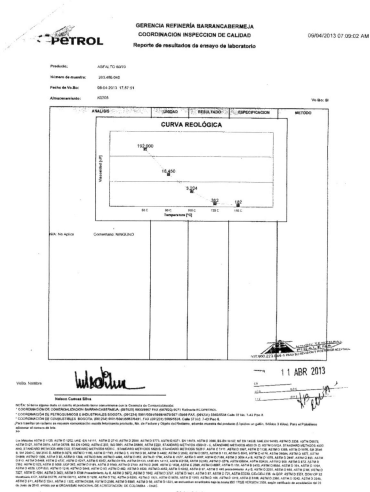

Anexo 29

Shell Bitumen

Certificado de Análisis

CARIPHALTE PM – Tipo III

CLIENTE:	LATINCO. U. T. PICALEÑA	Nro FACTURA:	
DOCUMENTO:	Muestra	LOTE:	
PLACAS:	Muestra	FECHA:	Abril 03 de 2013

ENSAYO	MÉTODO	ESPECIFICACIÓN Min.	ESPECIFICACIÓN Máx.	RESULTADO
Penetración, 25°C, 5s, 100g (mm/10)	ASTM D-5	55	70	63
Punto de Ablandamiento (°C)	ASTM D-36	65		83.2
Ductilidad, 5°C, 5 cm/min (cm)	ASTM D-113	15		49.6
Recuperación Elástica por Torsión a 25°C (%)	NLT-329/91	70		77.8
Viscosidad a 135°C (cP)	ASTM D-4402	Reportar		921.2
Estabilidad al Almacenamiento (Diferencia en el Punto de Ablandamiento) °C	E-726 y E-712		5	3.4
Punto de Chispa (°)	ASTM D-92	230		306
Contenido de Agua (%)	ASTM D-95		0.2	0.0
Peso específico a 25°C	ASTM D-71	Reportar		1.009
Temperatura de Mezcla *(°C)	ASTM D-1559	Reportar		158-164
Temperatura de Compactación *(°C)	ASTM D-1559	Reportar		145-148

ENSAYO EN HORNO DE PELÍCULA FINA EN MOVIMIENTO, RTFOT, 85 min, 163°C ASTM D-2872

Pérdida de Masa (%)	ASTM D-2872		1.0	0.342
Penetración Retenida (%)	ASTM D-5	65		66.18
Ductilidad, 5°C, 5 cm/min (cm)	ASTM D-113	8		14.8

* Temperatura de Mezcla y Compactación recomendada para el diseño Marshall.
º Temperatura de cargue: 170°C

SE ENVIA CONTRAMUESTRA SELLADA, ABRIR SI ES NECESARIO SOLAMENTE EN PRESENCIA DE UN FUNCIONARIO DE SHELL BITUMEN.

Aprobado por:

Henry Torres

HENRY TORRES
Analista de Bitumen
Tarjeta Profesional No. 3104

Shell Colombia S.A.
Km. 18.5 Vía Facatativá
Mosquera - Colombia
Tel (571) 4 540 4000 ext. 3401
Fax (571) 1 3292966

EIA
Análisis comparativo de dos tramos viales en pavimento
flexible, uno con mezcla convencional y otro con adición de EBE   132

Anexo 30

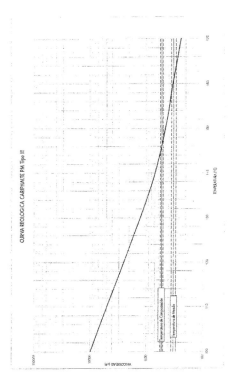

Giraldo R., Daniel Alberto; Pérez R., Alejandra; octubre de 2013

EIA
Análisis comparativo de dos tramos viales en pavimento
flexible, uno con mezcla convencional y otro con adición de EBE

Anexo 31

UNIVERSIDAD DE LOS ANDES
DEPARTAMENTO DE INGENIERÍA CIVIL
LABORATORIO DE INGENIERÍA CIVIL
INFORME DE RESULTADOS - MÓDULO DINÁMICO DE MEZCLAS ASFÁLTICAS
INV E 754-7

CÓDIGO: MTC-309

ORDEN DE TRABAJO 129-E-13
INFORME N° 129-001

Consecutivo Interno:	5061-5063-5064-5065-5066
Muestra o Referencia:	MDC 2 Asfalto 60-70
Fecha de Ensayo:	2013-08-27
Fecha de Recepción:	2013-06-19

Diámetro Promedio: 10,2 cm
Altura Promedio: 20,3 cm
Área Promedio: 81.13 cm^2

Temperatura de Ensayo [°C]	Frecuencia [Hz]	Amplitudes de Carga Promedio [kgf]	Deformación Unitaria Promedio [mm/mm]	Módulo Dinámico Promedio [kgf/cm^2]
5	1	165	0.000018	114653
	4	108	0.000010	136495
	10	95	0.000008	152740
	16	100	0.000007	167727
25	1	150	0.000055	28427
	4	126	0.000039	39477
	10	113	0.000025	55849
	16	104	0.000021	59070
40	1	164	0.000231	6744
	4	144	0.000143	12359
	10	122	0.000069	16934
	16	99	0.000041	23001

CLIENTE: Latinco S.A.
DIRECCIÓN: CALLE 18 18-1 Las palmas | No. 35-59 oficina 424 Medellín

Giraldo R., Daniel Alberto; Pérez R., Alejandra; octubre de 2013

EIA
Análisis comparativo de dos tramos viales en pavimento
flexible, uno con mezcla convencional y otro con adición de EBE

Anexo 32

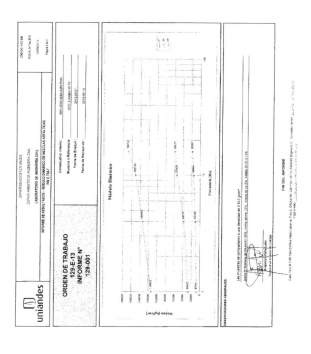

Anexo 33

UNIVERSIDAD DE LOS ANDES
DEPARTAMENTO DE INGENIERÍA CIVIL
LABORATORIO DE INGENIERÍA CIVIL

INFORME DE RESULTADOS - MÓDULO DINÁMICO DE MEZCLAS ASFÁLTICAS
INV E 754-7

CÓDIGO: MTC-209
FECHA: 04-Mar-2013
VERSIÓN: 0
Página 2 de 2

ORDEN DE TRABAJO
129-E-13
INFORME N°
129-002

Consecutivo Interno:	5062-5063-5064-9065-5066
Muestra o Referencia:	MDC 2 Asfalto Tipo III
Fecha de Ensayo:	2013-09-27
Fecha de Recepción:	2013-05-19

Diámetro Promedio: 10.2 cm
Altura Promedio: 20.3 cm
Área Promedio: 81.18 cm^2

Temperatura de Ensayo (°C)	Frecuencia (Hz)	Amplitudes de Carga Promedio (kgf)	Deformación Unitaria Promedio (mm/mm)	Módulo Dinámico Promedio (kgf/cm^2)
5	1	175	0.000026	86740
	4	146	0.000017	108770
	10	122	0.000012	122517
	16	93	0.000009	127803
25	1	166	0.000113	17969
	4	131	0.000060	26967
	10	119	0.000040	36388
	16	100	0.000032	39123
40	1	186	0.000217	9442
	4	128	0.000126	12472
	10	108	0.000083	16155
	16	84	0.000057	18067

CLIENTE: Latinco S.A
DIRECCIÓN: CALLE 19 (Av. Los pobres) No. 35-39 oficina 424 Medellín

EIA
Análisis comparativo de dos tramos viales en pavimento
flexible, uno con mezcla convencional y otro con adición de EBE

Anexo 34

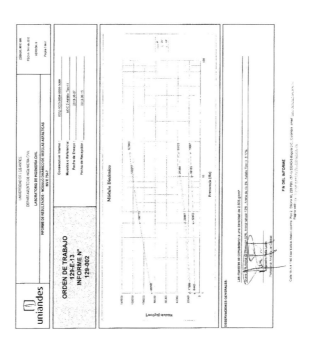

Giraldo R., Daniel Alberto; Pérez R., Alejandra; octubre de 2013

Anexo 35

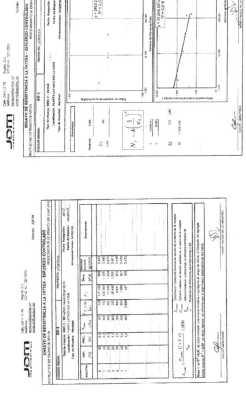

EIA
Análisis comparativo de dos tramos viales en pavimento flexible, uno con mezcla convencional y otro con adición de EBE

Anexo 36

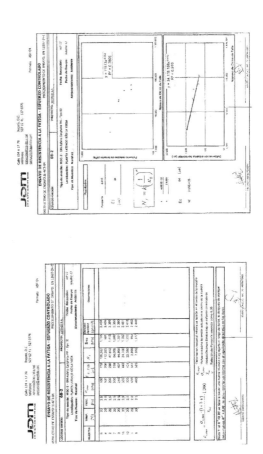

Anexo 37

LECIV Ltda.

Nit: 801002047-0

✓ Consultoría & In
✓ Ingeniería de Pa
✓ Laboratorio de N

Medidas de deflexión (Ensayo de viga Benkelman)
Registro de Lectura de Ensayo
Medida de deflexión de un pavimento empleando dispositivo de carga estática no continua (Viga Benkelman)
I.N.V.795-07

INFORME No	001/2013			ATN.		Daniel Giraldo		
ORDEN DE TRABAJO No	796			TIPO MATERIAL		MDC-2 convencional		
PROYECTO	Evaluación estructural de Pavimentos			LOCALIZACIÓN		La Paila - Club Campestre		
SOLICITO	LATINCO S.A			FECHA ENSAYO		2013-10-12		

ABSISA	CALZADA	T	Oo(0.001")	Do(mm)	Deflexión en la superficie del pavimento Do (mm)	D_{25}(0.001")	D_{25}(mm)	Deflexión en la superficie del pavimento D_{25} (mm)	Tiempo de recuperación de la estructura (s)
PR37+350	Derecho	19,2	4	0,01016	0,04064	3	0,00762	0,03048	8
PR37+400	Derecho	19,6	4	0,01016	0,04064	2	0,00508	0,02032	7
PR37+450	Derecho	20,8	4	0,01016	0,04064	2	0,00508	0,02032	5
PR37+500	Derecho	21,4	5	0,0127	0,0508	3	0,00762	0,03048	7
PR37+550	Derecho	21,4	6	0,01524	0,06096	2	0,00508	0,02032	7
PR37+600	Derecho	21,4	4	0,01016	0,04064	2	0,00508	0,02032	6
PR37+650	Derecho	22,2	5	0,0127	0,0508	2	0,00508	0,02032	6
PR37+700	Derecho	21,2	6	0,01524	0,06096	2	0,00508	0,02032	10
PR37+750	Derecho	20,8	3	0,00762	0,03048	3	0,00762	0,03048	5
PR37+800	Derecho	22,8	5	0,0127	0,0508	2	0,00508	0,02032	5
PR37+850	Derecho	23,0	5	0,0127	0,0508	2	0,00508	0,02032	5

OBSERVACIONES:

Los datos y resultados contenidos en este informe, corresponden a la muestra ensayada según la referencia

Ing. Henry Rincón Avellaneda
Gerente

le 5 Norte No. 15-09 Teléfono: (57) 67459083 Celular: 3128432782 Armenia Colombia. E-mail: leciv.limitada@gmail.co

Anexo 38

LECIV Ltda.

✓ Consultoría
✓ Ingeniería
✓ Laboratorio

Nit : 801002047-0

Medidas de deflexión (Ensayo de viga Benkelman)
Registro de Lectura de Ensayo
Medida de deflexión de un pavimento empleando dispositivo de carga estatica no continua (Viga Benkelman)
I.N.V.795-07

INFORME No	001/2013		ATN:		Daniel Giraldo		
ORDEN DE TRABAJO No	798		TIPO MATERIAL		MDC-2 modificado		
PROYECTO	Evaluación estructural de Pavimentos		LOCALIZACION		La Paila - Club Campestre		
SOLICITO	LATINCO S.A		FECHA ENSAYO		2013-10-12		

ABSISA	CALZADA	T	Bo(0.001")	Do(mm)	Deflexion en la superficie del pavimento Do (mm)	$D_{20}(0.001")$	$D_{25}(mm)$	Deflexion en la superficie del pavimento D_{25} (mm)	Tiempo de recuperacion de la estructura (s)
PR37+850	Derecha	28,2	3	0,00762	0,03048	1	0,00254	0,01016	4
PR37+900	Derecha	32,1	5	0,0127	0,0508	4	0,01016	0,04064	6
PR37+950	Derecha	31,8	3	0,00762	0,03048	2	0,00508	0,02032	4
PR38+000	Derecha	32,5	4	0,01016	0,04064	1	0,00254	0,01016	3
PR38+050	Derecha	32,6	3	0,00762	0,03048	2	0,00508	0,02032	0
PR38+100	Derecha	31,8	3	0,00762	0,03048	1	0,00254	0,01016	3
PR38+150	Derecha	31,6	4	0,01016	0,04064	2	0,00508	0,02032	4
PR38+200	Derecha	32,0	6	0,01524	0,06096	4	0,01016	0,04064	5
PR38+250	Derecha	31,2	3	0,00762	0,03048	2	0,00508	0,02032	4
PR38+300	Derecha	32,4	3	0,00762	0,03048	1	0,00254	0,01016	3
PR38+350	Derecha	32,8	3	0,00762	0,03048	2	0,00508	0,02032	2

OBSERVACIONES:

Los datos y resultados contenidos en este informe,
corresponden a la muestra ensayada según la referencia

Ing. Henry Rincón Avellaneda
Gerente

le 5 Norte No. 15-09 Teléfono: (57) 67459083 Celular: 3128432782 Armenia Colombia. E-mail: leciv.limitada@gmail.co

I want morebooks!

Buy your books fast and straightforward online - at one of the world's fastest growing online book stores! Environmentally sound due to Print-on-Demand technologies.

Buy your books online at
www.get-morebooks.com

¡Compre sus libros rápido y directo en internet, en una de las librerías en línea con mayor crecimiento en el mundo! Producción que protege el medio ambiente a través de las tecnologías de impresión bajo demanda.

Compre sus libros online en
www.morebooks.es

SIA OmniScriptum Publishing
Brivibas gatve 1 97
LV-103 9 Riga, Latvia
Telefax: +371 68620455

info@omniscriptum.com
www.omniscriptum.com

Druck:
Canon Deutschland Business Services GmbH
im Auftrag der KNV-Gruppe
Ferdinand-Jühlke-Str. 7
99095 Erfurt